玉米丝黑穗病

玉米茎腐病

玉米大斑病

玉米锈病

玉米纹枯病

玉米黑粉病

玉米苗期根腐病

玉米细菌性菌腐病

玉米小斑病

玉米弯孢菌叶斑病

水稻稻曲病

水稻纹枯病

水稻稻瘟病　　　　　水稻胡麻斑病　　　　　小麦全蚀病

小麦颖枯病　　　　　小麦散黑穗病　　　　　小麦赤霉病

小麦锈病　　　　　小麦赤霉病　　　　　大豆细菌性斑点病

大豆根腐病　　　　　大豆菌核病

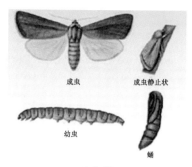

玉米螟

双斑萤叶甲

黏虫

稻水象甲

二化螟

蝼蛄

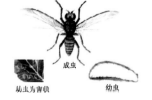

水稻潜叶蝇

大豆食心虫

水稻白背飞虱

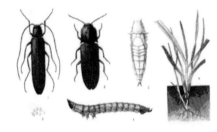

金针虫

金针虫幼虫

水稻负泥虫

蛴螬幼虫

豆天蛾

玉米旋心虫

病虫草害

术

赵 华　王淑美　主编

科学技术出版社

图书在版编目（CIP）数据

农作物病虫草害防治技术/赵华，王淑美……
术出版社，2013.9

ISBN 978-7-5116-1375-2

Ⅰ.①农…　Ⅱ.①赵…②王…　Ⅲ.①作……
教材②作物-除草-中等专业学校-教材　Ⅱ……

中国版本图书馆 CIP 数据核字（2013）……

责任编辑	张孝安　白姗姗
责任校对	贾晓红
出 版 者	中国农业科学技……
	北京市中关……
电　话	(010) 82106638（编辑室……
	(010) 82109709（读者服务部……
传　真	(010) 82106650
网　址	http://www.castp.cn
经 销 者	各地新华书店
印 刷 者	北京富泰印刷有限责任公司
开　本	850mm×1168mm　1/32
印　张	5.625　彩插4面
字　数	151 千字
版　次	2013 年 9 月第 1 版　2014 年……
定　价	18.00 元

《农作物病虫草害防治技术》
编　委　会

序　言

　　随着全球气候变暖和耕作制度的变化，新的病虫种类不断增加，加之长期大量使用单一农药，导致其抗性的增加，因此，农作物病虫害发生日趋严重。一方面，由于第二、第三产业的崛起，大量精壮劳动力外出务工，老人和妇女成为农业生产的主力军，他们对病虫害防治关键技术不甚了解，加上小生产格局盲目用药现象普遍，适期用药难掌握、药剂适用对口程度差、药量多品种乱及喷药液量不足等现象，虽频繁防治但防治效果不佳；另一方面，我国的农药工业迅速发展，农药新品种、新剂型不断推出；绿色农产品、无公害农产品的需求，对科学合理使用农药提出了更高要求。因此，加快培育新型农民，提高务农农民的综合素质，对我们阳光工程培训工作提出了更高要求。

　　科学技术是第一生产力，科学技术进步已成为今后农村经济发展的决定性因素。农业科学知识一旦被广大农民所掌握，就会变成农业生产发展的强大推动力。为了让农民学习和掌握先进的农作物病虫害防治技术，加快迈上致富之路和最大限度挽回农作物病虫害损失，提高农业生产经济效益，吉林省东丰县植物保护植物检疫工作站组织编写了此书，以进一步对招生学员加强宣传力度，并为阳光工程培训提供技术辅导。

　　本书适应性广，可作为阳光工程培训实用技术指导手册，扩大阳光工程的受惠面和辐射作用，也可作为基层农技人员、农村基层干部、植保员和广大种植户的技术参考资料，愿我们这本小手册能成为广大农民朋友致富路上的一个好帮手。

赵云龙
2013 年 9 月

目 录

第一章　玉米主要病虫害防治技术

一、玉米苗期病害

玉米苗期病害在东北地区属常发性病害。近年来，该病害已由原来的次要病害上升为主要病害。一般年份平均发病率为10%左右。重病田块往往缺苗严重，可达30%～50%，多数形成矮化不育株，部分甚至毁种造成减产。玉米苗期病害发生种类较多，主要分为侵染性和非侵染性苗期病害两种。

（一）真菌和细菌引起的侵染性苗期病害

1. 症状及病原菌

真菌引起的苗期病害症状一般表现为植株矮小、丛生、叶片呈鞭状、不展开或叶片枯黄、生长缓慢、后期腐烂死掉；根系不发达，胚根腐烂或须根上有褐色坏死斑点。引起苗期病害的真菌种类很多，但分离频率较高，又符合科赫法则的真菌有禾谷镰孢菌（占32.2%）、串珠镰孢菌（占30.7%）、玉米圆斑离蠕孢菌（占14.5%）、立枯丝核菌（占11.2%）、串珠镰孢菌胶孢变种（占7.3%）、其他（占4.1%）。一些高感丝黑穗病的品种如吉农大501、吉单420、登海6145、利民622、吉锋2号、双玉102等植株表现矮小、丛生、心叶扭曲呈鞭状（或心叶沿叶脉由下而上产生褪绿黄条斑）、基部节间缩短变粗，是丝轴团散黑粉菌引起的玉米丝黑穗病苗期症状表现。

2. 发病规律

玉米苗期茎基腐病和根腐病在东北、华北地区，春玉米和夏玉米上均有发生。玉米苗期茎基腐病一般情况下不会造成幼苗死亡，但受害株后期易发展成玉米茎腐病（青枯病），在灌浆期遇到适宜的环境条件时（连阴多雨之后暴晴），该病害会迅速大面积发生。症状表现为果穗下垂，茎基部第二茎节萎缩、腐烂，整个植株叶片失水呈青枯状，给生产带来很大损失。玉米根腐病在各地普遍发生，但严重程度不同。播种后土壤湿度较大易发生根腐病，严重者则整株枯死。玉米顶腐病最近几年在东北地区多有发生，病原菌为串珠镰刀菌亚黏团变种，病害症状表现为多数发病植株上部叶片失绿、畸形，叶片边缘产生黄化条纹或叶尖枯死，有的植株心叶基部卷曲腐烂。品种的抗性不同，症状表现不一样。玉米顶腐病主要发生在辽宁、吉林、黑龙江、山东等玉米产区，局部地区发生严重，是近几年新发生的一种病害。发病率可达31%～60%。苗期发病严重可造成死苗。吉林省前几年仅在制种田的个别亲本自交系上发生。细菌引起的苗期病害发病接近喇叭口期，症状表现为叶片褪绿呈棕黄色，病部叶片水渍状，叶鞘有水渍状斑块。茎部有褐色斑，髓部维管束变黑，有菌脓溢出，嗅之有臭味，俗称"烂腰病"。病原菌为玉米假单胞杆菌。

3. 防治方法

（1）种植抗病品种。先玉335、郑单958、通单24、吉东23、丹玉48、丹玉86、郝育21、平安13等品种，各地应因地制宜选择合适的品种。

（2）早期加强栽培管理。合理深耕，清除田间病株及其残留物。

（二）非侵染性苗期病害

东北地区非侵染性苗期病害包括缺素症、环境胁迫和药害等。

1. 钾缺素症

玉米缺钾时，幼叶呈黄色或黄绿色。植株生长缓慢，节间短，矮小瘦弱，支撑根减少，抗逆性减弱，容易遭受病虫害侵袭。缺钾的玉米植株，下部老叶叶尖黄化，叶缘焦枯，并逐渐向整个叶片的脉间区扩展，沿叶脉产生棕色条纹，并逐渐坏死，但上部叶片仍保持绿色，在成熟期容易倒伏。在缺钾地块过量施用氮肥会加重植株倒伏，果穗发育不良或出现秃尖、籽粒瘪小，产量降低。天气干旱或土壤速效钾和缓效钾含量长期低时，容易导致玉米缺钾。

2. 高温"日灼"

土壤湿度低并且伴随高温和干热风，使植株顶部三片叶褪色、卷曲、变白或水渍状。严重者上部叶片全部枯死。近三年常见于坡地和制种吉单209号、四单19等母本。

3. 除草剂药害

发生原因比较复杂，概括起来有药剂方面、作物方面和环境方面的因素，如浓度过大、增加用药次数、不科学的施药方法、不同作物的敏感性和不适宜的环境因素等。症状表现多为叶片褪绿黄化或白化，全株畸形、丛生、心叶扭曲呈鞭状等。

4. 种衣剂药害

种衣剂药害发生主要由防治玉米丝黑穗病菌的药剂如三唑酮、三唑醇、烯唑醇和杀虫剂有机磷类等药剂受春季低温或干旱的影响造成的。1982年、2001年、2002年、2007年在东北、华北春玉米区均出现过此类药害。受害面积累计达几千公顷，受害程度一般为40%～60%，严重者达80%，基本上全部毁种，给生产上带来极大的损失。

5. 防治方法

增加施用钾肥，种植抗逆性强的品种；使用除草剂和种衣剂之前仔细阅读使用说明，杜绝超量使用，以免产生药害，或者咨询有关专家进行正确用药；合理灵活掌握播种时间，不宜过早播种。

二、玉米丝黑穗病

玉米黑穗病遍布世界各玉米产区，俗称"乌米"。此病自1919年在我国东北首次报道以来，扩展蔓延很快，每年都有不同程度发生，主要发生在东北、华北的春玉米区，其中，以东北春玉米区发病最重，是我国春播玉米区的重大病害，玉米丝黑穗病病菌还可为害高粱等禾谷类作物。20世纪80年代，此病已基本得到控制，但仍是玉米生产的主要病害之一，近年有上升趋势。

（一）症状

苗期症状表现为植株矮小、丛生、心叶扭曲呈鞭状，或心叶沿叶脉由下而上产生褪绿黄条斑，基部节间缩短变粗，植株矮化，果穗增多，每个叶腋都长出黑粉，有的分蘖异常增多，此后每个分蘖顶部长出黑穗。苗期症状多变而不稳定，因品种、病菌、环境条件不同而发生变化。

成株期病穗分为两种类型。

1. 黑穗型

受害果穗较短，基部粗顶端尖，不吐花丝；除苞叶外整个果穗变成黑粉包，其内混有丝状寄主维管束组织。

2. 畸形变态型

雄穗花器变形，不形成雄蕊，颖片呈多叶状；雌穗颖片也可过度生长成管状长刺，呈刺猬头状，整个果穗畸形。田间病株多为雌雄同时受害。

（二）病原菌

玉米丝黑穗病原菌为丝轴黑粉菌，属担子菌亚门真菌。穗内的黑粉是病菌冬孢子，成熟的冬孢子在适宜条件下萌发产生担孢子，担孢子又可芽生次生担孢子，担孢子萌发后侵入寄主。丝轴黑粉菌具有生理小种分化，初步认定我国有 5 个生理小种，其中，一号小种为优势小种。

（三）发病规律

玉米丝黑穗病是以土壤传播为主的苗期侵染病害。土壤带菌是最重要的初侵染来源，其次是粪肥，再次是种子。病菌的厚垣孢子散落在土壤中，混入粪肥里或沾附在种子表面越冬，厚垣孢子在土壤中能存活 3 年左右。玉米播种后，来自土壤、粪肥和种子上的冬孢子遇到适宜温、湿度等条件便萌发，产生侵入丝，直接侵入幼芽的分生组织，最终形成黑穗。冬孢子萌发后，在土壤中侵染玉米细菌的最佳时期是：从种子破口露出白尖，到幼芽生长至1~2厘米幼芽出土期间。种子表面带菌虽可传染，但侵染率极低，是远距离传播的侵染源。玉米丝黑穗发病轻重取决于品种的抗病性和土壤中菌源数量以及播种和出苗期环境因素的影响，不同的玉米品种对丝黑穗病的抗病性有明显的差异。高感丝黑穗病玉米品种连作时，土壤中玉米丝黑穗菌的含量每年增长5~10倍。东北春玉米区大多数土地玉米连作有3年以上。土壤中积累了可引起丝黑穗病大发生的充足菌量。病菌侵染的最适时期是从种子萌发开始到一叶期，也就是种子萌发到出苗期。此时，若遇到低温干旱，则延长了种子萌发到出苗时间，增加了丝黑穗病菌的侵染几率。

（四）防治方法

采用以抗病品种为基础，化学防治为主，农业保健栽培措施为辅的综合防治技术。

1. 种植抗病品种

选用优良种子，保证发芽势强，提高抗病性，这是解决该病大发生的根本性措施。目前，对丝黑穗病抗病性较好的品种有先玉335、伊单2、平安9、松玉401和秦龙13等。

2. 减少菌源

结合农事操作在苗期拔除病株；生长后期病穗未开裂散出冬孢子前，及时摘除并携至田外深埋，减少病菌在田间的扩散和在土壤中的存留。

3. 加强农业保健栽培措施

调整播期和提高播种质量，根据地势、土质、墒情、品种生育期和抗病性灵活掌握播种时间。如我国北方早春气温低，宜适时晚播、避开低温、减少病菌的侵染几率；合理轮作，采取玉米与豆类、薯类、瓜菜类作物轮作倒茬，病重地块宜实行3年以上轮作；注意氮、磷、钾肥的配合使用避免偏施氮肥，施用净肥、减少菌量，禁用病秸秆或"乌米"喂牲畜和做积肥，施用含有病残体的厩肥或堆肥要充分腐熟；另外，结合深翻土壤，将病原孢子压到播种层以下。

4. 化学防治

使用种衣剂是防治玉米丝黑穗病最直接、经济、有效的措施之一。含有烯唑醇、戊唑醇和三唑醇成分的种衣剂，对丝黑穗的防治有明显效果。但含烯唑醇的药剂，在低温条件下，播种深度超过 3 厘米时易产生药害。因此，在使用含有烯唑醇成分的种衣剂时，要适时晚播避开低温，同时，播种深度不能超过 3 厘米。而戊唑醇和三唑醇药剂不存在安全性问题。克百威和戊唑醇复配而成的黑虫双全二元种衣剂和由克百威、福美双和三唑醇复配而成的吉农 4 号三元种衣剂等是目前国内市场上防治玉米苗期病害、地下害虫、丝黑穗病和玉米丛生苗的最好药剂之一，其综合防效好、安全性高。

三、玉米茎腐病

玉米茎腐病俗称青枯病，是世界玉米产区普遍发生的一种重要土传病害。我国玉米产区都有发生，近几年由于玉米自交系、杂交系在地区之间引种频繁，使本来抗病性较差的自交系和部分杂交系的原种在地区之间广为种植，从而导致该病在各玉米产区之间相互传播，造成植株早枯，籽粒瘪瘦不饱满，严重影响玉米产量，一般年份发病率 10% ~ 20%，严重年份可达 50% ~ 60%，减产约 20%，极严重者甚至绝收。

（一）症状

该病为全株表现的侵染性病害，品种的抗病性不同，其症状显示时期不同。一般品种显症高峰期在乳熟期至蜡熟期，从灌浆至乳熟期开始发病。其典型症状表现如下。

1. 茎叶青枯型

发病时多从下部叶片逐渐向上扩展，呈水渍状而青枯，而后全株青枯。有的病株出现急性症状，即在乳熟末期或蜡熟期全株急骤青枯，没有明显的由下而上逐渐发展的过程，这种情况在雨后忽晴天气时多见。

2. 茎基腐烂型

植株根系明显发育不良，根少而短，病株茎基部变软，剖茎检查，髓部空松，根茎基部及地面上 1 ~ 3 节间多出现黑色软腐，遇风易倒折，在湿时病初期出现白色霉状物、后期为粉红色霉状物。

3. 果穗腐烂型

有的果穗发病后下垂，穗柄变柔软，苞叶青枯、不易剥离，病穗籽粒排列松散，易脱粒，粒色灰暗，无光泽。

（二）病原菌

玉米茎腐病病原菌种类多样化，不同生态区病原菌群的种类不同。东北春玉米区优势病原菌有以下几种：禾谷镰孢菌、串珠镰孢菌、瓜果腐霉菌。

（三）发病规律

玉米茎腐病病原菌以分生孢子或菌丝体状态在病穗、病粒或寄主病残体内外及土壤中存活越冬，病种子是第二年的主要初侵染来源。分生孢子或菌丝体借风雨、灌溉、昆虫携带传播。通过根部或根茎部的伤口侵入或直接侵入玉米。玉米茎腐病侵染期较长，苗期开始从根部潜伏侵染，成株期从根部直接或伤口陆续侵染。发病程度与品种的抗病性、气候、土壤因素以及栽培管理有关。感病品种发病早、发病重，对产量损失大，而抗病品种则相反。玉米散粉期至乳熟期降雨多、湿度大发病重，反之发病轻。植株生长后期脱肥发病重。早播、连作发病重，尤其是感病品种表现最为明显。

（四）防治方法

玉米茎腐病为多种病原菌侵染的病害。主要的防治途径应采用以选用抗病品种为基础，应用专用种衣剂结合，增施有机肥，科学使用钾肥，配合保健栽培措施的综合防治技术。

1. 选用抗病品种

选育和种植抗病耐病优良品种，目前抗玉米茎腐病的品种有郑单 958、吉东 28、丹玉 48、丹玉 86、通单 24 等。

2. 清除田间病株残体

对制种玉米在抽雄时及时将发病雌雄株拔除。玉米收获后彻底清除发病株，集中烧毁或结合深翻土地而深埋。

3. 加强保健栽培措施

实行玉米与其他非寄主作物轮作，防止土壤病原菌积累。发病重的地块可与马铃薯、蔬菜等作物实行 2 ~ 3 年轮作。适时晚播，加强田间管理，增施有机肥，改善土壤条件和田间小气候；科学增施钾肥增加植株的抗病能力。

4. 增施肥料

在施足基肥的基础上，于玉米拔节期或孕穗期增施钾肥或氮、磷、钾肥合理搭配混合使用，防病效果较好。要因地制宜增施钾肥，严重缺钾地块，一般施硫酸钾 100 ~ 150 千克/公顷；一般缺钾地块施硫酸钾 70 ~ 105 千克/公顷，防病及增产效果显著。

5. 生物防治

利用增产菌按种子重量 0.2% 拌种，对茎基腐病有一定的控制作用，可增产 6% ~ 11%。

四、玉米大斑病

玉米大斑病是世界各玉米产区分布较广，为害较严重的叶斑病害。早在 1899 年，我国就有玉米大斑病的记载。吉林省过去主要种植的是农家品种，栽培面积不大，有零星发生。1956 年、1957 年和 1963 年吉林省中、西部地区玉米大斑病曾一度发生较重。1971—1977 年，吉林省玉米大斑病持续几年大发生，严重威胁玉米的稳定高产。随着抗病育种的发展和实施综合防治措施，大斑病一度得到控制，但是，2000 年以来，随着抗病育种种质资源的缺乏和大斑病生理小种的变异，大斑病又成为吉林省玉米主要病害，一般年份减产 20% 左右，严重流行年份减产可达 50% 以上。

（一）症状

玉米大斑病主要侵染玉米的叶片、叶鞘和苞叶。在温度、湿度适宜的情况下，玉米的任何生长阶段均可能受到侵染，产生病斑。发病初期，病叶呈现水浸状条斑，后变成绿色，渐变黄褐色或褐色窄条形的坏死斑；田间湿度较大时，病斑表面密生一层黑色的霉状物，一些抗病品种病斑沿叶脉扩展，表现为褐色坏死条纹，周围有黄色或淡褐色褪绿圈，不产生孢子或极少产生孢子。一般大小为（50～100）毫米×（5～10）毫米，有些病斑长达200毫米。病害发生严重时，病斑连成一片或者病斑布满整株叶片，植株过早枯死，受害植株果穗松软，籽粒干瘪。

（二）病原菌

大斑病菌属半知菌亚门真菌。分生孢子梗自气孔抽出单生或2～3根束生，褐色，不分枝，正直或具膝状曲折，基细胞膨大，顶端色较淡，孢痕显著，坐落于定点及折点上，有2～8个隔膜，分生孢子梭形，脐点明显突出基细胞外部。

（三）发病规律

田间地表和玉米秸垛内残留的病叶组织的菌丝体及附着的分生孢子均可越冬，成为第二年发病的初侵染来源。玉米生长季节，越冬菌源产生孢子，随雨水飞溅或气流传播到玉米叶片上，适宜温、湿度条件下萌发入侵，在田间反复侵染、蔓延。感病品种上，病菌侵入后迅速扩展，约经9天左右，即可引起局部萎蔫，组织坏死，进而形成枯死病斑。玉米大斑病是典型气传流行性病害，其流行程度除了与玉米品种抗病性有关外，主要取决于环境中的温度和湿度。在玉米生育期内，如果温度在22℃以下，并且连阴多雨，有利于分生孢子的产生和繁殖，病菌即可迅速蔓延，引起大流行，干旱少雨则发病较轻。

（四）防治方法

采用以种植抗病品种为主，加强农业保健措施辅助以化学药剂的综合防治方法。

1. 种植抗病品种

不同品种对大斑病抗性差异显著。目前，已知有先玉 335、丹玉 48、郝育 8 号、郑单 958、松玉 401、吉农大 156、良玉 8 号、宁玉 309 等玉米品种抗大斑病相对水平较高，吉玉 301、吉单 75、宏玉 3 号、原单 68、单玉 41 等品种对大斑病也有较高的抗性。种植优良品种时必须结合优良的栽培技术措施，各生态区应根据当地的气候条件、栽培条件和病害流行程度，选用和推广适应当地的高产抗病品种。

2. 加强农业保健措施

施足底肥，增施四肥，提高植株抗病性；与其他作物间套作，改善玉米田的通风条件；秋收后及时清理田间的病株，减少病原菌侵染；冬前深翻土地，促进病残体的腐烂；发病初期，去掉植株底部病叶，控制大斑病发病菌源。

3. 化学药剂防治

发病初期应及时喷药，常用药剂有 75% 百菌清可湿性粉剂 500 倍液，50% 多菌灵可湿性粉剂 300～500 倍液，80% 代森锰锌可湿性粉剂 500 倍液。抽雄期连续喷药 2～3 次，每次喷药间隔 7～10 天。但从经济效益和长远推行的"绿色植保"来看，生产上大面积应用药剂防治玉米大斑病不是最佳选择。

五、玉米弯孢菌叶斑病

玉米弯孢菌叶斑病，也称为黄斑病、螺霉病、拟眼斑病、黑霉病等。近几年来，该病在我国发生和为害日趋严重，已成为华北及东北玉米产区的主要病害之一。弯孢菌叶斑病主要发生在玉米生长中后期，发病严重时造成叶片枯死，导致产量损失，重病田减产 30% 以上。

（一）症状

玉米弯孢菌叶斑病发生在玉米成株期，主要为害叶片，有时也为害叶鞘和苞叶。典型症状：发病初期，叶片上出现小点状褪色，边缘有暗褐色晕圈，病斑大小一般为（1～2）毫米×2 毫米，在一些品种上病斑可达（4～5）毫米×（5～7）毫米。有些品种仅表现为褪绿斑。在田间空气潮湿的条件下，病斑正反两面均可产生分生孢子梗或分生孢子，以背面为多，呈褐色霉状。在感病品种上，病斑密布全叶，相连成片，导致叶片枯死。早期发病的植株矮小细瘦，雄花过小，花粉量小，雌穗发育不良，形不成果穗或果穗过小。该病症状变异较大，在一些自交系和杂交种上，有的只生一些白色或褐色的小点，病斑分3种类型：抗病型、中间型和感病型。

感病型（S）：病斑较大，宽1～2毫米，长1～4毫米，圆形、椭圆形、长条形或不规则形，中央苍白色或黄褐色，边缘有较宽的褐色环带，最外缘有较宽的半透明黄色晕圈，数个病斑相连可形成叶片坏死区。

中间型（M）：病斑小，1～2毫米圆形、椭圆形或不规则形，中央苍白或淡褐色，边缘有较窄或较细的褐色环带，最外缘有明显的褪绿晕圈。

抗病型（R）：病斑小，1～2毫米圆形、椭圆形或不规则形，中央苍白色或淡褐色，边缘无褐色环带或有较细的褐色环带，最外缘有狭细的半透明晕圈。

玉米弯孢菌叶斑病有时极易与玉米灰斑病混淆。前者病斑黄色，多为圆形或椭圆形，病斑扩展常受叶脉限制；后者病斑灰色，多为长条状，病斑扩展一般不受叶脉限制。

（二）病原菌

玉米弯孢菌叶斑病的病原菌为半知菌亚门，暗色菌科，弯孢霉菌属的新月弯孢霉。分生孢梗自叶片的正反两面单枝或2～6枝成丛生状从气孔或表皮细胞间隙伸出，褐色，不分枝，有隔，上部常呈膝状。梗基部稍膨大，顶部和侧面着生分生孢子。分生孢子褐色，梭形，多弯曲，3隔，中间两个细胞色深。从基部向上第3个细胞特别大，色最深。分生孢子两端钝圆，顶部粗，基部细，菌丝淡褐色，有分生孢子萌发时，从两端色较淡的细胞中发出芽管，不产生附着孢子或附着孢子不明显；有性世代为旋孢腔菌属真菌。病菌生长最适温为 28～32℃，对 pH 值适应范围广。其分生孢子最适萌发温度为 30～32℃，最适宜的湿度为饱和湿度，相对湿度低于 90% 则很少萌发或不萌发。

病菌在活体外可以产生致病毒素，毒素在离体玉米叶片上可产生典型病害症状，毒素还可抑制玉米种子根的伸出，是一种对热稳定的化合物。

（三）发病规律

1. 侵染循环

病菌以菌丝体潜伏于病残体组织中越冬，也能以分生孢子状态越冬。靠近村头或秸秆垛的玉米植株首先发病，且发生严重，说明玉米秸秆所带病原菌是第二年玉米田间发病的主要初侵染来源；病菌也可为害水稻、高粱及禾本科杂草等，田间带菌杂草也是病害发生的初侵染源之一。病残体上越冬的菌丝体可产生分生孢子，借气流和雨水传播到田间玉米叶片上，在有水膜的情况下，分生孢子萌发侵入，约经 7～10 天即可表现症状，并产生分生孢子进行再浸染。

2. 发病条件

玉米弯孢菌叶斑病对温度的要求类似于玉米小斑病，为喜高温高湿的病害。玉米拔节和抽雄期正值 7 月上旬雨季，高温多雨的天气有利于该病发生。该病又属成株期病害，品种抗病性随植株生长而减弱，表现在苗期抗性较强，13 叶期最感病。在东北地区，田间发病始于 7 月中旬，发病高峰期在玉米抽雄后。由于该病潜育期短（2～3 天），7～10 天即可完成一次侵染循环，短期内侵染源急剧增加，如遇高温、高湿，则在 8 月上、中旬导致田间病害流行。此外，低洼积水田和连作田发病较重。

（四）防治方法

采用以种植抗病品种为主，加强农业保健措施辅助以化学药剂相结合的防治方法。

1. 选用抗病品种

已知高抗品种较少，在病害发生严重地区，可选择中抗水平的品种，以减少病害造成的损失，较为抗病的品种有郑丹958、松玉401、吉单92、通单24等。

2. 减少菌源

收获后及时清理田园中的植株病残体，集中处理或深耕深埋；通过深翻促使病残体腐烂；将收获的玉米秸秆粉碎并充分腐熟，以使秸秆上的病菌分解死亡。

（1）合理轮作，合理密植，提高植株抗病能力。

（2）适当早播，早播可避病，从而减轻发病。

（3）增施肥料，增施农家肥外，还要增施氮肥、钾肥。重施氮肥可减轻发病30%以上。

3. 药剂防治

在发病初期，田间发病率10%时喷药防治，可用50%代森锰锌500～1 000倍液，50%速克灵可湿性粉剂2 000倍液，40%福美砷500～1 000倍液，75%百菌清600倍液，50%多菌灵500倍液喷雾防治。一般先用保护剂后用内吸剂，10～15天喷1次，连喷2～3次，上述药剂交替使用既可保证效果，又能降低防治成本、延缓抗药性的产生。

六、玉米灰斑病

玉米灰斑病近年来在我国许多地区皆有发生，近几年东北春玉米区发生比较严重，呈现蔓延的趋势。灰斑病发生在玉米生长中后期，由植株下部叶片逐渐向上部叶片扩展，常导致叶片产生大量病斑而枯死，造成产量损失，减产可达10%。

（一）症状

该病害主要为害叶片，也侵染叶鞘和苞叶。发病初期，在叶片上出现浅褐色病斑，逐渐变为灰色、灰褐色或黄褐色，有的病斑边缘为褐色。病斑沿叶脉方向扩展并受到叶脉限制，两端较平，呈长方形，大小为（3～5）毫米×（1～2）毫米。田间湿度高时，在病斑两面产生黑色霉层，即病菌的分生孢子梗和分生孢子。在感病品种上，病斑密集，常相连成片而造成叶片枯死。

（二）病原菌

半知菌亚门尾孢属真菌。

（三）发生规律

灰斑病以菌丝体在病残体上越冬，成为第二年的初侵染源。病菌在病残体上可存活 7 个月，但埋在土壤中的病残体上的病菌则很快丧失生命力。在免耕地块玉米发病重，这与田间遗留病残体多、越冬菌源数量大有关。病原菌分生孢子借风雨传播进行再侵染。

（四）防治方法

玉米灰斑病的防治应采用"预防为主、综合防治"的技术措施，其主要有以下几种。

1. 选用抗玉米灰斑病的优良品种

主要选择具有热带自交系血缘的品种，目前，较抗病的品种有吉东 23、吉东 28、丹玉 48、农大 401、伊单 56、郑单 25。

2. 药剂防治

主要在玉米大喇叭口期、抽雄穗期和灌浆初期等关键时期进行药剂防治，在喷药时最好先从玉米下部叶片向上部叶片喷施，以每个叶片喷湿为准。因为玉米灰斑病是先从每株玉米的脚叶由下往上发生为害和蔓延，早期先喷脚叶，其目的就是控制下部叶片上的病原菌不要往上扩展，以达到控制病害。主要采用的药剂有 80% 代森锰锌可湿性粉剂 500 倍液喷雾；70% 代森锌可湿性粉剂 800 倍液喷雾；50% 福美双可湿性粉剂 500 倍液喷雾；25% 丙环唑 1 500 倍液喷雾；25% 戊唑醇 1 500 倍液喷雾；50% 或 80% 多菌灵 800 倍液喷雾；50% 甲基硫菌灵或 70% 进口甲基托布津 500 倍液喷雾。

七、玉米圆斑病

在吉林省，玉米圆斑病仅在局部地区发生。由于大多数玉米品种对圆斑病表现抗病性，病害的发生主要与少数品种的亲本感病有关。圆斑病主要发生在玉米生长的中后期，能够造成较重的产量损失。

（一）症状

病菌主要侵染叶片和果穗，也侵染叶鞘和苞叶。由 1 号生理小种引起的叶斑初期为水渍状、浅绿色或浅黄色小斑，逐渐扩大为圆形或椭圆形，病斑中央浅褐色，边缘褐色，略具同心轮纹，大小为（3～12）毫米×（3～5）毫米。由 2 号生理小种引起的叶斑长条状，大小为（10～30）毫米×（1～3）毫米。果穗受侵染后，籽粒和穗轴变黑凹陷、籽粒干瘪而形成穗腐。

（二）病原菌

病原菌为玉米生离蠕孢菌，有性态为炭色旋孢腔菌。目前已知病原菌有 3 个生理小种，我国发生 2 个生理小种，1 号生理小种为优势小种，2 号生理小种较少。

（三）流行规律

圆斑病以菌丝体在田间散落或在秸秆垛中的果穗、叶片、叶鞘及苞叶上越冬，成为第二年田间发病的初侵染菌源。种子内部可带菌，成为远距离传播的重要途径。越冬后的圆斑病菌，在第二年 7 月中旬以后温湿度条件适宜时，在土壤中病株残体上或秸秆垛中越冬的菌丝体开始产生分生孢子，借风雨传播，侵染叶片和果穗，引起发病，病菌生长发育最适温度 25～30℃。每年 7～8 月高温多雨、田间湿度大时，有利于病害发生和流行，降雨少、温度低的年份发病轻。此外，圆斑病的发生轻重与栽培地势、茬口、土壤耕作状况、播期、土壤肥力、施肥时期等关系十分密切。地势低洼、重茬连作、施肥不足等则发病严重，适时晚播可错开高温多雨季节，相比早播发病要轻。

（四）防治方法

1. 种植抗病品种

多数品种具有抗病性，仅吉 63 等少数自交系高度感病。种植抗病品种能够有效控制圆斑病发生。

2. 减少菌源

秋收后及时深翻土地，能够有效促进植株病残体的腐烂，减少次年的初侵染源。

3. 药剂防治

在制种田，在感病自交系果穗冒尖阶段，用 20% 三唑酮乳油 500~800 倍液喷施有良好防治效果。

八、玉米纹枯病

玉米纹枯病是世界上玉米产区广泛发生、为害严重的世界性病害之一。在国外，Vorhees 首次报道了美国南部发生的玉米纹枯病引起的玉米果穗丝核菌病，20 世纪 60 至 70 年代之间，印度、日本、南非、法国、前苏联等国家相继报道玉米纹枯病的发生。在我国，玉米纹枯病最早于 1966 年仅见吉林省有发生的记载，继吉林省之后，辽宁、湖北、广西壮族自治区、河南、山西、浙江、陕西、河北、四川、山东和江苏等省区均有陆续发生的报道。20 世纪 70 年代后，随着玉米种植面积的扩大、杂交种的推广应用、施肥量及种植密度的提高，玉米纹枯病的发生、发展和蔓延日趋严重，已成为我国玉米产区的主要病害之一。

（一）症状

玉米纹枯病从苗期至生长后期均会发病，但主要发生在抽雄期至灌浆期，主要为害叶鞘，也可为害叶片、苞叶和茎秆，严重时引起果穗受害。发病初期多在茎基部 1~2 茎节叶鞘上产生暗绿色水渍状病斑，后扩展整合成不规则形或云纹状大病斑。病斑中部灰褐色，边缘深褐色，由下向上蔓延扩展，穗苞叶染病也产生同样的云纹状斑。果穗染病后秃顶，籽粒细扁或变褐腐烂。严重时根茎基部组织变成灰白色，次生根黄褐色或腐烂。当湿度较大时，病斑上常长出许多白霉（菌丝和担孢子）；当温度较高或植株已老健不适合病菌扩大为害时，即产生菌核，多藏于叶鞘内。菌核初为白色，老熟时呈褐色。叶鞘受害后，叶片萎蔫，严重时整株枯死。果穗受害时，可使苞叶干枯，果穗腐烂。

（二）病原菌

玉米纹枯病的病原菌主要为立枯丝核菌，属半知菌亚门真菌。有性态为瓜亡革菌。此外，禾谷丝核菌的 CAG-3、CAG-6、CAG-8、GAG-9、CAG-10 等菌丝整合群也是该病重要的病原菌。该菌群是一种不产孢的丝状真菌。菌丝在融合前常相互诱引，形成完全融合或不完全融合或接触融合 3 种融合状态。玉米纹枯病菌为多核的立枯丝核菌，具 3 个或 3 个以上的细胞核，菌核由单一菌丝尖端的分枝密集而形成或由尖端菌丝密集而成。该菌在土壤中形成薄层蜡状或白粉色网状至网膜状子实层。担子筒形或亚圆筒形，较支撑担子的菌丝略宽，上具 3 ~ 5 个小梗，梗上着生担孢子；担孢子椭圆形至宽棒状，基部较宽，担孢子能重复萌发形成 2 次担子。

（三）发生规律

病菌以菌丝和菌核在病残体或在土壤中越冬。翌春条件适宜，菌核萌发产生菌丝，穿透寄生表皮或气孔侵入致病，发病后病部产生气生菌丝，在病组织附近不断扩展。菌丝体侵入玉米表皮组织时产生侵入结构。再侵染是通过与邻株接触进行短距离传播。播种过密、施氮过多、湿度大、连阴雨多易发病。主要发病期在玉米性器官形成至灌浆期。苗期和生长后期发病较轻。病菌发育适温为 28 ~ 32℃，菌核在 27 ~ 30℃ 和有足够的水分时 1 ~ 2 天就可萌发为菌丝，6 ~ 10 天又可形成新的菌核。连续阴雨天或天气湿热有利发病。过分密植，施氮过多，玉米连作或前作地为水稻纹枯病严重的田块本病往往发生严重。

（四）防治方法

1. 清除病源

及时深翻消除病残体及菌核，发病初期摘除或用药剂涂抹叶鞘等发病部位。

2. 栽培措施

选用抗病的品种或杂交种，实行轮作，合理密植，注意开沟排水，降低田间湿度，结合中耕消灭杂草，忌与水稻、大豆、高粱轮作。

3. 药剂防治

用浸种灵按种子重量 0.02% 拌种后堆闷 24~48 小时。发病初期，每亩喷洒 1% 井冈霉素，0.5 千克对水 200 千克或 70% 甲基硫菌灵可湿性粉剂 500 倍液或 50% 多菌灵可湿性粉剂 600 倍液或 50% 苯菌灵可湿性粉剂 1 500 倍液或 50% 退菌特可湿性粉剂 800~1 000 倍液；也可用 40% 菌核净可湿性粉剂 1 000 倍液或 50% 农利灵或 50% 速克灵可湿性粉剂 1 000~2 000 倍液。喷药重点为玉米基部，保护叶鞘。

九、玉米锈病

玉米锈病包括普通锈病、南方锈病、热带锈病、秆锈病 4 种。在我国普通锈病分布最为广泛，对生产有较大影响。普通锈病主要发生在玉米生长后期，玉米锈病多发生在玉米生育后期，一般为害性不大，但在有的自交系和杂交种上也可严重染病，使叶片提早枯死，造成较大的损失。

（一）症状

该病害可以发生在玉米植株地上部的任何部位，但主要发生在叶片上。在受害部初形成乳白色、淡黄色，后变黄褐色乃至红褐色的夏孢子堆，夏孢子堆在叶两面散生或聚生，椭圆或长椭圆形隆起，表皮破裂散出锈粉状夏孢子，呈黄褐色至红褐色。后期在叶两面形成孢子堆，长椭圆形黑色突起，后突破表皮呈黑色。有时多个冬孢子堆汇合连片，使叶片提早枯死。

（二）病原菌

玉米普通锈病的病原菌为高粱柄锈菌，担子菌亚门冬孢菌纲锈菌目。夏孢子球形、近球形或椭圆形，栗褐色，顶端圆，少数扁平，表面光滑，具 1 个隔膜，隔膜处稍缢缩。柄淡黄色至淡褐色。

（三）发病规律

在我国，玉米普通锈病越冬和初侵染源问题尚未完全明确。在北方玉米锈病发生的初侵染源主要是南方玉米锈病菌的夏孢子随季风和气流传播而来的。普通锈病在相对较低的气温（16~23℃）和经常降雨、相对湿度较高（100%）的条件下，易于发生流行。

（四）防治方法

玉米锈病是一种气流传播的大区域发生和流行的病害，防治上必须采用以抗病品种为主，以栽培防病和药剂防治为辅的综合防治措施。病重区应种植抗病品种，适时播种，合理密植，避免偏施氮肥，搭配使用磷、钾肥。发病初期要及时喷药防治，有效药剂有60%代森锌可湿性粉剂500倍液，25%粉锈宁可湿性粉剂1 000~1 500倍液。

十、玉米穗腐病

玉米穗腐病又称赤霉病、果穗干腐病，在全国各玉米主产区均有发生，特别在收获期多雨潮湿、贮藏期通风不良的情况下发病较重，在吉林省多为零星发生。

（一）症状

主要在果穗和籽粒上发病，被害果穗顶部或中部变色，并出现粉红色、蓝绿色、黑灰色或暗褐色、黄褐色霉层，即病原菌的菌丝分生孢子梗和分生孢子。病粒变成红褐色，无光泽，不饱满，质脆，内部空虚，常为交织的菌丝所充塞。果穗病部苞叶常被密集的菌丝贯穿，黏结在一起贴于果穗上不易剥离。

（二）病原菌

由禾谷镰刀菌、串珠镰刀菌、青霉菌、曲霉菌、枝孢菌、单端孢菌等近20种霉菌侵染引起。曲霉菌中的黄曲霉菌不仅为害玉米，还产生有毒代谢物质，引起人和家畜家禽中毒甚至癌变。

（三）发病规律

病菌在种子、病残体上越冬，为初侵染病源。病菌主要从伤口侵入，分生孢子借风雨传播，温度在 8～20℃，相对湿度在 75% 以上，有利于病害发生。冷凉地区生育后期遇低温多雨，发病重。

（四）防治方法

玉米穗腐病的初侵染来源广，温度是关键，因此在防治策略上，必须以农业措施为基础，充分利用抗病品种，改善贮存条件，农药灌心与喷施保护相结合的综合防治措施。

1. 选用抗病品种

选育和种植抗病耐病品种。

2. 种子精选包衣

选用抗病包衣种子或用 2 000 倍福尔马林溶液浸种 1 小时或用 50% 二氯醌按种子重量的 0.2% 拌种。

3. 农业防治

实行轮作，消灭病残体。选用抗病亲本或品种，进行种子消毒。适期播种，合理密植，合理施肥，促进早熟。及时剥苞叶，防雨淋防潮，注意防虫、减少伤口。去掉爬虫、病果穗霉烂顶端，防止穗腐进一步扩展。早脱粒，防霉变，处理玉米秸秆，压低初侵染源。充分成熟后采收，充分晾晒后入仓贮存。

4. 化学防治

在玉米抽穗期用 25% 敌力脱乳油 2 000 倍液，或用 50% 多菌灵可湿性粉剂 500 倍液，或用 70% 甲基托布津可湿性粉剂 800 倍液喷雾，重点喷果穗及下部茎叶。

十一、玉米瘤黑粉病

玉米瘤黑粉病分布极广，在我国南、北方玉米产区均有发生。该病是我国玉米的重要病害之一，发生普遍，但一般年份发生很轻，对玉米产量影响不大，暴发年份能造成 50% 以上的减产，甚至绝收。

（一）症状

俗称灰包、乌霉。各个生长期均可发生，尤其以抽穗期表现明显，受害组织受病原菌刺激肿大成瘤，初期病瘤外包一层白色薄膜，后变灰色，最后外膜破裂，干裂后散发出黑色的粉状物，即病原菌孢子。病瘤形状和大小因发病部位不同而异。叶片和叶鞘上瘤大小似豆粒，不产生或很少产生黑粉；茎节、果穗上瘤大如拳头；雄穗上产生囊状物瘿瘤。同一植株上常多处生瘤或同一位置数个瘤聚在一起。植株茎秆多扭曲，病株较矮小。受害早，果穗小，甚至不能结穗。该病能侵害植株任何部位，形成肿瘤，破裂后散出黑粉，区别于丝黑穗病。丝黑穗病一般只侵害果穗和雄穗，并有杂乱的黑色丝状物。

（二）病原菌与发生规律

玉米瘤黑粉病病原菌为玉米瘤黑粉菌，属于担子菌亚门真菌。玉米瘤黑粉病是一种局部侵染的病害，病原菌在玉米体内虽能扩展，但通常扩展距离不远，在苗期能引起相邻几节的节间和叶片发病。

病原菌主要以冬孢子在土壤、粪肥或病株上越冬，成为翌年初侵染源，种子带菌进行远距离传播。春季气温回升，在病残体上越冬的冬孢子萌发产生担孢子，随风雨、昆虫等传播，引致苗期和成株期发病形成肿瘤，肿瘤破裂后厚垣孢子还可进行再侵染。该病在玉米抽穗开花期发病最快，直至玉米老熟后才停止侵害。越冬的冬孢子没有明显的休眠现象，成熟后遇到适宜的温、湿度条件就能萌发。冬孢子萌发的适温为 $26 \sim 30℃$，最低为 $5 \sim 10℃$，最高为 $35 \sim 38℃$，在水滴中或在 $98\% \sim 100\%$ 的相对湿度下都可以萌发。在北方，冬、春干燥，气温较低，冬孢子不易萌发，从而延长了侵染时间，提高了侵染效率；而在温度高、多雨高湿的地方，冬孢子易于萌发失效。

在抽穗前后 1 个月内为玉米瘤黑粉病的盛发期。玉米瘤黑粉病发病条件主要与品种抗病性、菌源数量和环境条件有关。一般杂交种也较为抗病；连作地和距村较近的地块由于有较大量的菌源，一般发病较重。在较干旱少雨的地区和缺乏有机质的沙性土壤中残留在田间的冬孢子易于保存活力，发病较重；玉米抽穗前后1个月为该病盛发期。玉米抽雄前后遭遇干旱，抗病性受到明显削弱，此时若遇到小雨或结露，病原菌得以侵染，就会严重发病。玉米生长前期干旱，后期多雨高湿或干湿交替，有利于发病。遭受暴风雨或冰雹袭击后，植株伤口增多，也有利于病原菌侵入，发病趋重。玉米螟等害虫既能传带病原菌孢子，又造成虫伤口，因而虫害严重的田块，瘤黑粉病也严重。病田连作，收获后不及时清除病残体，施用未腐熟农家肥，都会使田间菌源增多，发病趋重。种植密度过大，偏施氮肥的田块，通风透光不良，玉米组织柔嫩，也有利于病原菌侵染发病。

玉米品种间抗病性有明显差异。概而言之，耐旱的品种、果穗苞叶长而紧裹的品种和马齿型玉米较抗病，甜玉米较感病，早熟玉米比晚熟品种发病轻。瘤黑粉病菌生理分化现象明显，有很多生理小种，其致病性不同。

（三）防治方法

（1）种植抗病品种是防治瘤黑粉病的根本措施，也是最经济有效的防治方法。另外，品种轮换也能起到一定防治作用，在生产上尽量避免在同一地块多年种植同一个品种。

（2）如果不是包衣种子，播前须用50%的多菌灵可湿性粉剂拌种，也可用速保利、立克秀等药剂拌种。

（3）因地制宜，合理轮作。与大豆等非寄主作物实行轮作，可减少侵染源。

（4）田间管理。加强肥水管理，注意氮磷钾配合施用，避免偏施氮肥。灌溉要及时，特别是抽雄前后感病阶段，保证水分供应。及时防治玉米螟等虫害，减少伤口以避免病菌侵染。减少病原，在瘤成熟破裂前及时摘除并深埋；玉米收获后清除田间植株病残体并将病瘤茎秆深埋销毁；秋季深翻土壤，促进病残体腐烂，减少初侵染菌源。

（5）药剂防治。在玉米抽雄前 10 天左右，用 50%福美双可湿性粉剂 500～800 倍或 50%多菌灵可湿性粉剂 800～1 000 倍喷雾，可减轻再侵染为害。

十二、玉米小斑病

玉米小斑病又叫玉米斑点病，是国内外普遍发生的病害，是玉米上的重要病害之一，在温暖潮湿的玉米产区发病较重，大流行年份可造成较大损失。

（一）症状

可以侵害玉米的叶片、叶鞘、苞叶和果穗，主要为害叶片，偶尔也为害叶鞘；病害的发生时期较长，通常以抽雄期前后和灌浆期发病为重；病斑一开始是水浸状小斑点，以后逐渐形成边缘红褐色，中央黄褐色的椭圆形病斑。病斑大小、形状因受叶脉限制而有差异，但病斑最长在 2 厘米左右（小于大斑病）。在感病品种上，病斑为椭圆形或纺锤形，较大，不受叶脉限制，灰色至黄褐色，病斑边缘褐色或边缘不明显，后期略有轮纹；在一般品种上，多在叶脉间产生椭圆形或近长方形斑，黄褐色，边缘有紫色或红色晕纹圈；在抗病品种上有的仅表现为黄褐色坏死小斑点，有黄色晕圈，表面霉层很少。后期病斑多时融合在一起，病斑连片后常造成叶片提早干枯死亡，在病斑反面或枯死叶片反面产生稀薄的黑色霉层，叶片病斑较小，但病斑数比大斑病多。叶鞘和苞叶染病，病斑较大，纺锤形，黄褐色，边缘紫色不明显，病部长有灰黑色霉层。果穗染病部位产生不规则的灰黑色霉区，严重的果穗腐烂，种子发黑霉变。

（二）病原菌与发生规律

玉米小斑病病原菌与玉米大斑病相同，属半知菌亚门真菌。

病原以菌丝或分生孢子在病株残体内外越冬，玉米秸垛、田间的病叶、苞叶、秸秆等，都是第二年发病的初侵染主要菌源。

第二年越冬病原产生大量分生孢子，借气流或雨水传播到田间玉米叶片上。如遇田间湿度较大或重雾，叶面上结有游离水滴存在时，分生孢子4~8小时即萌发产生芽管侵入到叶表皮细胞里，3~4天即可形成病斑。以后病斑上产生大量分生孢子，借气流传播，进行重复侵染。玉米收获后，病原又随病株残体进入越冬阶段。气候条件也是病害发生轻重的重要因素，气温20~30℃，相对湿度90%以上，对孢子形成、萌发、侵染有利。发病适宜温度26~29℃。遇充足水分或高湿条件，病情迅速扩展。玉米孕穗、抽穗期降水多、湿度高，容易造成小斑病的流行。低洼地、排水不良、土壤潮湿、过于密植荫蔽地、连作田发病较重。玉米连茬地及离村庄近的地块，由于越冬菌源量多，初侵染发生的早而多，再侵染频繁，易造成流行。

（三）防治方法

选用抗耐病品种，加强栽培管理，重施药剂保护等综合措施。

（1）可因地制宜地选用抗耐病品种兼抗大小斑病的玉米杂交种，注意合理布局和轮换，避免长期种植单一品种。

（2）收获后，清除地面病株残体，秋季深翻土壤，深翻病残株，消灭菌源；作燃料用的玉米秸秆，开春后及早处理完，并可兼治玉米螟；病残体作堆肥要充分腐熟；把病原基数压到最低限度，减少初侵染来源。集中清理底部病叶，带出田外处理，可以压低田间菌量，改变田间小气候，从而减轻病害程度。

（3）改善栽培技术，增强玉米抗病性。施足底肥，适期、适量合理追肥，促进植株生长健壮，特别是必须保证拔节至开花期的营养供应。宽窄行种植，洼地注意田间排水。

（4）玉米心叶末期到抽雄期是防治的关键时期，病叶率达20%时进行防治。防治方法与玉米大斑病大致相同。病害发生初期，可用下列药剂防治：50%多菌灵可湿性粉剂、50%敌菌灵可湿性粉剂、65%代森锌可湿性粉剂、90%代森锰锌可湿性粉剂均加水500倍，或用40%克瘟散乳油、75%百菌清可湿性粉剂800

倍喷雾，或农抗 120 水剂 100~120 倍液喷雾。每亩用药液 40~60 公斤，隔 7~10 天喷药 1 次，共防治 2~3 次。

十三、玉米苗期主要害虫

（一）蛴螬（蛭虫）

1. 为害情况

吉林省主要是大黑鳃金龟甲的幼虫为害玉米、高粱、大豆、甜菜等多种作物，是苗期严重害虫。幼虫咬断幼苗主根，使幼苗枯死，造成缺苗断条，并转株为害。严重时甚至造成毁种，给玉米生产带米严重损失。

2. 生活习性

大部分两年一代，以成虫或幼虫在土中越冬，翌年 5 月末至 6 月初随地温上升蛴螬上移到 10 厘米以上的土表层为害作物根部。6 月中旬到豆地产卵，成虫取食大豆、花生、甜菜等作物叶片。所以豆茬种玉米、高粱等作物受害严重。根据其生活习性，要做到心中有数，及时检查虫情。

在 9 月下旬，土温还未显著下降，过冬蛴螬还未潜入土壤深处之前，每块地选 10 点，每点取 1 平方米，按一锹深，查蛴螬数，如每点平均一头以上，来年春季必须防治。

3. 防治方法

把住播种关，抓好春耕播种的防治。

（1）多功能种衣剂拌种。用吉农三号、吉农四号种衣剂按 2% 拌种，参照玉米苗期病害防治方法。

（2）辛硫磷闷种。50% 辛硫磷乳油 0.5 千克，加水 20~30 千克，均匀的洒在选好的 200~300 千克种子上，边洒药液边拌，充分拌匀后堆在一起闷 3~4 小时，在闷种过程中将种子翻动 1~2 次，以免种了吸附药液不均产生药害，之后将种子摊开晾干。注意不能在阳光下晾晒，晾干后即可播种。

（3）乐果乳油闷种。用 40% 乐果乳油 0.5 千克，加水 25~35 千克，拌种子 250~350 千克（方法同上）。

（4）辛硫磷微胶囊缓释剂拌种。用0.2%拌种（2千克辛磷微胶囊缓释剂拌1 000千克玉米种子）。

4. 注意事项

药液闷的种子，当天不能全部播完或遇雨不能播种的，必须把种子摊开，不能装在袋子里，避免种子发热，影响发芽。药剂处理的种子，不能食用或作畜禽饲料，严禁与商品粮混杂。不要用拌药用过的包装物再盛装粮食或食用品，使用农药后，必须用肥皂彻底洗手，以免中毒。

（二）金针虫（黄蚰蜒、叩头虫）

1. 为害情况

吉林省以细胸金针虫为害较重，是为害玉米、高粱、豆类、小麦等多种作物的地下害虫。以幼虫在土中为害刚发芽的种子，或咬断出土的幼苗茎基部和根，还能钻入到主根或根茎里取食，使作物幼苗逐渐枯死，造成缺苗、断条，影响作物产量。

2. 生活习性

细胸金针虫幼虫三年完成一代，以成虫和幼虫在土壤中越冬。幼虫在春天大地刚解冻时，就开始为害。当地表10厘米土壤地温7~12℃时，即达为害盛期；如高于17℃，幼虫则钻入土壤深处停止为害。春季雨水多，墒情好，金针虫为害严重，春季干旱幼虫为害轻。

3. 防治方法

可参照蛴螬防治方法，用多功能种衣剂或辛硫磷闷种等。

（三）蝼蛄（拉拉蛄）

1. 为害情况

吉林省以非洲蝼蛄为主，以成虫、若虫在土中咬食刚播下的玉米、高粱、谷子、水稻等多种作物的种子或已发芽的种子；或把细弱的根茎咬撕成乱麻状，使幼苗发育不好甚至枯死。同时蝼蛄在土里串行，使幼苗因透风失水而萎蔫枯死，造成缺苗、断条甚至毁种。

2. 生活习性

非洲蝼蛄一年一代，以成虫和若虫在土壤中越冬，翌年4月下旬至5月中旬出土活动。闷热、阴雨的夜间最活跃，为害最重。有趋光性、喜湿性和趋有机肥料习性，也喜取食谷子、豆饼、麦麸；喜欢在河岸、低洼潮湿处栖息，所以，在沿河的地块、菜园地、低洼地、盐碱地、苗床地，前茬是蔬菜或薯类的地方发生严重，干旱岗地或黏土地发生轻。

3. 防治方法

（1）多功能种衣剂拌种。吉农三号、吉农四号种衣剂拌种（同蛴螬防治方法）。

（2）40%乐果乳油闷种（同蛴螬防治方法）。

（3）毒饵诱杀。将40~50千克玉米面（米糠、麦麸、豆饼均可），拌上90%晶体敌百虫0.5~1.0千克，拌时先用饲料重量50%左右的温水将药溶解，然后两者混合拌匀即成。在傍晚撒在有蝼蛄隧道的地方，每亩施用毒饵3~5千克。

（4）辛硫磷毒谷。用40~50千克炒熟的谷秕子，拌上50%辛硫磷乳油0.5~1.0千克，随播种撒到地里，每亩有3~5千克毒谷即可。

（5）高压汞灯。利用高压汞灯防治玉米螟的同时，也可以大量诱杀蝼蛄。

十四、玉米螟

玉米螟属鳞翅目，螟蛾科，有两个种，第一个种为亚洲玉米螟，主要分布于东亚和大洋洲，吉林省发生的全部为亚洲玉米螟。第二种为欧洲玉米螟，主要分布在欧洲、北美洲及非洲西北部，我国新疆和张家口有欧洲玉米螟发生。两者在发生规律、形态特征等许多方面非常相似，以前曾被认为是　种。国内所说的玉米螟一般泛指亚洲玉米螟，简称玉米螟。

（一）分布和为害

国内分布于除了青藏高原以外的所有地区。玉米螟食性很杂，我国已经发现被害的作物、蔬菜和杂草等有十几种，为害的农作物主要有玉米、高粱、谷子及棉花等。在玉米喇叭口期发生时，玉米螟初孵幼虫在玉米喇叭口内取食心叶，抽雄后在叶片上形成一排排小孔叫花叶；抽雄后幼虫蛀食茎秆、穗柄及穗轴取食。玉米茎秆、雌穗被害后易倒折和掉穗。在一般年份导致玉米减产 10% ~ 15%，大发生年份减产 20% 以上，是影响玉米产量的最重要害虫。

（二）形态特征

成虫：雄蛾体长约 10 毫米，翅展宽 22 毫米左右，褐黄色，腹部较瘦，尾端尖。前翅内、外横线锯齿状，中间有两个小褐斑。外缘线与外横线间有一条宽大褐色带；后翅淡褐色，亦有褐色横线，当翅展开时，与前翅内外横线正好相接，雌蛾前翅淡黄，不及雄蛾鲜艳，内外横线及斑纹不明显，后翅淡黄白色，腹部较肥大，尾端钝圆。

卵：扁椭圆形，长 1 毫米，由几粒至百余粒组成块状，卵块一般 30 ~ 40 粒粘在一起，排成鱼鳞状，边缘不整齐。初产时蜡白色继而发黄，临孵化时颜色灰黄，卵粒上端出现一个小黑点（幼虫头壳）。被赤眼蜂寄生卵粒整个漆黑。

幼虫：老熟幼虫体长 20 ~ 30 毫米，淡褐色，头壳及前胸背板深褐色有光泽，体背灰黄或微褐色，背线明显，暗褐色，片面显著，中后胸毛片每节 4 个，腹部 1 ~ 8 节每节 6 个，前排 4 个较大，后排两个较小。

蛹：红褐色或黄褐色，长 15 ~ 16 毫米，腹部背面 1 ~ 7 节有横皱纹，3 ~ 7 节有褐色小齿一横列，5 ~ 6 节各有腹足遗迹一对。尾端臀棘黑褐色，尖端有 5 ~ 8 根钩刺。

（三）生活习性

1. 发生世代

玉米螟在我国每年发生一至七代，由北向南发生代数逐渐增加，在纬度相近的地区，由于海拔和温度的不同可发生不同代

数，海拔越高，温度越低，代数愈少。在吉林省，玉米螟每年发
生一至二代，在通化、延边、吉林地区每年发生一代；在白城地
区每年发生两代；在四平、长春地区每年发生一至二代，二代所
占比例因年而异。

2. 成虫和幼虫的生活习性

无论发生几代，玉米螟都会以最后一代的老熟幼虫在寄主的
秸秆、穗轴或根茎内过冬，在东北约80%以上的越冬幼虫集中
在村屯附近的玉米秸秆垛、根茬中，其他20%分布于田间的玉
米残株内。在吉林省，越冬老熟幼虫在6月份开始化蛹，化蛹时
幼虫必须正常饮水才能化蛹。6月下旬进入化蛹盛期。蛹期6~7
天，7月中旬进入羽化盛期。

成虫大多在晚上羽化，白天栖息于生长茂密的作物（如大
豆、小豆、小麦、玉米等）田地及田边的杂草中，夜间活动，
飞行力强，有强烈的趋光性。成虫羽化后当天即可以交尾，1~2
天后开始产卵，在生长茂密的田块产卵多。每头雌蛾产卵10~
20块，约300~700粒卵，卵一般产于植株中上部的叶片背部，
中脉附近较多，成虫寿命一般8~10天，卵期因温度而异，一般
为4~7天。

幼虫孵化后群集在卵壳上，约一个小时后开始分散爬行，喇
叭口期的初孵幼虫主要爬入喇叭口心叶内取食，或吐丝下垂随风
漂移到其他植株上，穗期的初孵幼虫主要在花丝上取食。玉米抽
雄后幼虫在叶鞘内、雌穗上等部位短暂取食后蛀入茎秆或穗内为
害。幼虫共五龄，老熟后在被害部位附近化蛹。

（四）玉米螟发生和环境条件的关系

1. 天敌

国内发现玉米螟的天敌有70余种，其中，寄生性的天敌有
20余种。在东北，对玉米螟越冬群影响较大的有白僵菌、细菌、
玉米螟长距茧蜂、玉米螟厉寄蜂；田间玉米螟的天敌主要有玉米
螟赤眼蜂、松毛虫赤眼蜂、螟黄赤眼蜂、草蛉、瓢虫等。

2. 气象条件

影响最大的是温度和湿度。春季雨水充足，相对湿度高，气候适宜，玉米螟卵孵化期间降雨量适中，温度正常的气候条件最适于玉米螟的发生。相反，在春季干旱，玉米螟卵孵化期间干旱或有大暴雨的年份，玉米螟发生轻。

3. 越冬虫量与玉米螟发生的关系

秋季、冬季的越冬虫量和玉米螟的发生程度无显著相关。在东北，玉米螟春季化蛹期间（在吉林省为 6 月中下旬）的虫量与当年玉米螟的发生程度密切相关，此时的虫量为有效虫量。玉米螟田间的成虫量与玉米螟的发生程度显著相关。

（五）玉米螟的防治技术

我国从 20 世纪 50 年代就开始研究，根据玉米螟的发生规律和为害习性等，先后提出了利用白僵菌封垛、赤眼蜂、Bt（苏云金杆菌）乳剂、颗粒剂、剪花丝涂药泥、微孢子虫、诱虫灯、农业措施等多种生物、物理、化学防治措施对玉米螟进行防治，并取得了一定的效果。经多年筛选、淘汰，目前在生产上大量推广使用的有下列几种。

1. 种植抗病品种

筛选抗玉米螟的玉米品种，由于高抗类型的品种少，感虫的类型居多，目前，在这方面筛选的抗螟品种很少。

2. 白僵菌

是一种广谱寄生性真菌，我国发展的白僵菌种类有球孢白僵菌和布式白僵菌两种。目前，主要研究、应用的是球孢白僵菌，简称白僵菌。白僵菌能够防治多种害虫，目前，可以工厂化生产，在我国广泛应用于防治松毛虫和玉米螟。其特点是一般不受气候影响，不污染环境。利用白僵菌防治玉米螟的使用方法，主要有粉剂封垛防治越冬幼虫、田间喷粉和颗粒剂防治初孵幼虫三种。

（1）白僵菌封垛，封垛分两种方法进行。

①分层撒菌土法：在堆玉米秸秆或茬垛时，分层施用白僵菌

土。先堆成 2 尺左右高的玉米秸秆（或茬垛），然后将白僵菌土均匀地撒于垛上，并用木棍敲打使之下漏，封好一层，再堆一层，如此重复，直到全垛封好，每立方米用菌土 1 千克左右。菌土的配制是按菌粉 1 份对 10 份细土，充分混拌均匀即可。

②向垛内喷菌粉：从 5 月中旬开始，最迟不晚于 5 月末，每立方米用孢子量为 25 亿～30 亿个/克的白僵菌原粉 100 克，用手摇喷粉器或机动喷粉器进行喷粉。喷粉操作方法是按 1 立方米见方用木棍向垛内掏一个洞，将喷粉器插入进行喷菌粉。等垛对面（或垛顶）冒出白烟即停喷，再喷第二个位置，如此重复直到全垛喷完。于 6 月末或 7 月进行垛内的杀虫效果调查。

（2）田间喷粉。在玉米螟的产卵盛期前后喷粉（在吉林省约为 7 月 20 日前后），用孢子量为 25 亿～30 亿个/克的白僵菌原粉，加入 4 倍的填充剂（滑石粉、陶土、草木灰、玉米面等）。喷粉时将喷头侧向顺风一方把菌粉喷于玉米上部叶片。喷时顺垄匀步前行，将菌粉喷至所需距离内。

（3）颗粒剂。主要利用二代区及关内多代区的一代玉米螟初孵幼虫在玉米心叶内取食的特性，用 0.5 千克含孢量为 50 亿～100 亿个/克的白僵菌粉，对煤渣颗粒 5 千克，于心叶期每株心叶施入 2 克，防治 3 龄前幼虫。

3. 药剂防治

1.5% 辛硫磷颗粒剂按 1：15 拌煤渣，每株 1 克撒入心叶中；2.5% 杀螟灵一号颗粒剂每株 0.08～0.1 克，直接撒入心叶中，或每亩用 250 克拌细沙 3～4 千克，每株 1 克撒入心叶中。防治玉米螟比较有效的方法是喷灌法，最简单的做法是取一空塑料瓶，把药剂掺细沙灌入瓶中，然后在瓶盖上穿一个孔，往玉米喇叭口内喷灌，药剂的使用量和配比可参见生产厂家说明书。

4. 赤眼蜂

广寄生性天敌昆虫，能够寄生玉米螟、大豆食心虫、甜菜甘蓝夜蛾等 200 余种害虫的卵。目前，已成为防治许多害虫的主要措施之一，在东北，自然界寄生玉米螟卵块的赤眼蜂主要有松毛虫赤眼蜂,玉米螟赤眼蜂、螟黄赤眼蜂3个种。自然寄生率因年度而异,变化范围20% ~90%。目前,大量人工繁殖推广使用的主要是松毛虫赤眼蜂,赤眼蜂把卵产到害虫的卵内,蜂卵孵化为幼虫后以害虫的卵液为养料生长发育,羽化为成蜂后咬破卵壳飞出,再寻找新的害虫卵产卵寄生,将害虫消灭在卵期。其特点是不污染环境,但生产周期长,产品不能长时间贮存,放蜂时易受气候条件影响。

(1) 放蜂时期、放蜂次数和放蜂量。要根据玉米螟发生的代数、田间落卵历期、落卵量、自然寄生率以及各自蜂卡上赤眼蜂的羽化率、单卵出蜂数、弱蜂率、羽化历期等进行综合分析,来确定本地区的放蜂适期、放蜂次数和放蜂量。一般世代多,放蜂次数和放蜂量也多,世代少则放蜂次数和放蜂量也少。在吉林省,玉米螟以一代为害为主,在中部地区有部分二代玉米螟为害,西部白城地区为二代区。在二代区,第二代卵在8月中旬,自然寄生率均可达80% ~90%以上,不需要放蜂。适宜的放蜂时期是与玉米螟的产卵期相吻合。防治第一代玉米螟放两次蜂。从6月中旬开始在放蜂区定点调查玉米螟的化蛹、羽化进度,当化蛹率达到20%时,向后推10天即为田间玉米螟产卵初期,开始第一次放蜂,寄生卵盛期前的玉米螟卵;隔5~7天后再放第二次蜂,使这批蜂寄生卵盛期前和盛期的玉米螟卵。第二次放蜂期是全年的高温季节,赤眼蜂生长发育快,约每10天繁殖一代,田间放蜂后的子代赤眼蜂可有效的控制盛期和后期的玉米螟。

在吉林省,赤眼蜂每亩放蜂1.5万头,第一次放7 000头,第二次放8 000头。田间放蜂量确切的说是指有效蜂量而言,利用柞蚕卵繁殖的赤眼蜂,每粒柞蚕卵可繁殖70~90头赤眼蜂,释放到田间以后可有80%羽化破壳出蜂,然后根据蜂卡的寄生率进行计算,将所需蜂量撕成小蜂卡,每亩放2~3点为宜,当蜂卡中羽化的赤眼蜂性别比例和产仔率、弱蜂率出现异常,雄蜂增多,雌蜂的产仔率低于50%时,放蜂量就应酌情增加,才能获得预期的防治效果。

（2）放蜂方法。根据各次亩放蜂量卡、出蜂量及各次每亩放蜂设置的点数，将蜂卡撕成小块，每一小块有一定数量的寄生卵。放蜂时将撕成一小块的蜂卡别在玉米植株中部的叶片背面，可防止雨淋。如遇大雨，需延期放蜂时，可将蜂卡放在阴凉、黑暗、通风处暂时保存，天晴以后立即补放，但切忌将蜂卡重新放回冷库或冰箱中低温保存，否则会引起蜂的大量死亡。切勿放在农药附近或阳光暴晒之处。

十五、玉米旋心虫

玉米旋心虫为鞘翅目叶甲科昆虫，主要以幼虫为害玉米等作物。每年在吉林省都有局部发生，目前，已查明发生该虫害的为双辽、公主岭、梨树、长岭、前郭、农安、东丰等地区。玉米旋心虫为害严重的地块缺苗及病苗率达 50%左右，给农业生产造成很大的损失。2007 年吉林省发生面积达 300 万亩，一般地块病苗率可达 30%以上。主要发生规律是玉米品种之间存在一定差异，在吉林省如东单 213、农大 364 等品种发生轻；在干旱沙土地发生较重；使用包衣后销售的种子（其包衣的种衣剂不含防治玉米旋心虫的有效药剂成分克百威）发生重。

（一）形态特征

成虫体长 5~6 毫米，全体密被黄褐色细毛。前翅黄色，宽大于长，中间和两侧有凹陷。胸节和鞘翅上布满小刻点。鞘翅翠绿色，具光泽。老熟幼虫体长 8~11 毫米。头褐色，腹部姜黄色，中胸至腹部末端每节均有红褐色毛片，中、后胸两侧各有 4个，腹部 1~8 节两侧各有 5个。

（二）发生规律

在吉林省一年发生一代，以卵在土中越冬，5 月下旬至 6 月上旬陆续孵化，幼虫蛀食玉米苗，在玉米幼苗期可转移多株为害，苗长至 30 厘米左右后，很少再转株为害，幼虫为害期约 45天，于 7 月中下旬幼虫老熟后，在地表做土茧化蛹，8 月上中旬

成虫羽化出土，并产卵越冬。成虫白天活动，有假死性。卵散产
于玉米田疏松土中或植物根部。成团，多者达几十粒，每头雌虫
产卵 20 余粒。幼虫多潜伏于玉米根际附近，自根茎处蛀入，蛀
孔处褐色，轻者叶片上出现排孔、花叶，重者萎蔫枯心，叶片卷
缩成畸形。幼虫老熟后于根际附近 2～3 厘米深处作土室化蛹，
蛹期 5～8 天。

（三）为害症状

玉米旋心虫以幼虫蛀入玉米苗基部为害，产生毒素为害生长
点，在 6 月中下旬（定苗后）受害株开始显症。常造成花叶或
形成枯心苗，重者分蘖较多，植株畸形，形成丛生苗（君子兰
苗），在茎基部扒开叶鞘可见裂痕，不能正常生长。

（四）防治方法

（1）选用抗虫品种，实行轮作倒茬，避免连作。

（2）使用带有内吸性杀虫剂克百威有效成分含量在 7% 以上
的种衣剂进行种子处理，防治效果在 96% 以上，其他杀虫剂无
内吸性，只能防治地下害虫，不能防治苗期害虫。

（3）药剂防治。为害初期用 40% 乐果乳油 500 倍液进行灌
根处理。也可每亩用 25% 西维因可湿性粉剂，或用 2.5% 的敌百
虫粉剂 1～1.5 千克，拌细土 20 千克，搅拌均匀后，在幼虫为害
初期（玉米幼苗期）顺垄撒在玉米根部周围、杀伤转移为害的
害虫。也可在生长期用 40% 乐果乳油 500 倍液或 90% 敌百虫 300
倍液进行喷雾防治，或用 80% 敌敌畏乳油 1 500 倍液喷雾，每亩
喷药液 60～75 千克。

十六、黏虫

属鳞翅目，夜蛾科。黏虫是一种群聚性、迁飞性、暴发性的
杂食性害虫。黏虫主要以幼虫取食为害为主，食性杂，尤其喜食
玉米等禾本科植物，是我国禾谷类作物上为害最为严重的的迁飞
性害虫，对产量影响极大。

（一）为害与分布

黏虫在吉林省主要为害玉米、水稻、高粱等禾谷类作物。国内除新疆未见报道外，其他各省区均有分布。由于黏虫在北纬33度以北地区任何虫态都不能越冬，吉林省出现的大量成虫系由南方迁飞所至。黏虫为害玉米，主要是吃食叶片，造成较大面积缺刻，虫口密度大时，只剩下中脉和植株中央的筒状部分。在玉米苗期，卵多产在叶片尖端，形成卵虫，幼虫孵化后，集中在喇叭口内取食嫩叶叶肉，一龄、二龄幼虫仅啃食叶肉成天窗，三龄以后沿叶缘蚕食成缺刻，为害严重时吃光大部叶片，只残留很短的中脉。四龄以后幼虫食量剧增，进入暴食期。

（二）形态特征

成虫：体长15～17毫米，翅展36～40毫米。淡灰褐色或黄褐色，雄蛾色较深，头部与胸部灰褐色，腹部暗褐色，前翅灰黄褐色、黄色或橙色，变化很多；内横线往往只现几个黑点，环纹与肾纹褐黄色，界限不显著，肾纹后端有一个白点，其两侧各有一个黑点，外横线为一列黑点，缘线为一列黑点。后翅暗褐色，向基部色渐淡。

卵：长约0.5毫米，半球形，初产白色渐变黄色，有光泽，卵粒单层排列成行成块。

幼虫：老熟幼虫体长38毫米。头红褐色，头盖有网纹，额扁，两侧有褐色粗纵纹，略呈八字形，外侧有褐色网纹。体色由淡绿至浓黑，变化甚大（常因食料和环境不同而有变化）；在大发生时背面常呈黑色，腹面淡污色，背中线白色，亚背线与气门上线之间稍带蓝色，气门线与气门下线之间粉红色至灰白色。腹足外侧有黑褐色宽纵带，足的先端有半环式黑褐色趾钩。

蛹：长约19毫米；红褐色，腹部5～7节背面前缘各有一列齿状点刻，臀棘上有刺4根，中央2根粗大，两侧的细短刺略弯。

（三）发生为害习性及规律

黏虫世代数和发生期因地区、气候而异。我国从北到南一年可发生二至八代。迁入的一代成虫盛期在 6 月上中旬，成虫昼伏夜出，单雌可产卵 1 000～2 000 粒。成虫对糖醋液和黑光灯有较强趋性。幼虫多在早晚活动，即早晨日出到 10 时以前和傍晚前后。幼虫有六个龄期，初孵及三龄以前的幼虫因虫体小、食量少，咬食叶片通常不出现缺刻，喜食禾本科作物和杂草，食量逐龄增长，五至六龄为暴食阶段，具有群集为害、暴食、杂食的特点，幼虫常常群集迁移为害，故又名"行军虫"。幼虫受惊有假死和潜入土中的习性。

黏虫是一种比较喜好潮湿而怕高温和干旱的害虫，但雨量过多，特别是暴雨或暴风雨的袭击，黏虫数量常显著下降。黏虫产卵最适温度一般为 19～22℃，适宜的田间相对湿度是 75% 以上，温度低于 15℃ 或者高于 25℃，产卵数量明显减少，遇到高温低湿的气候条件，产卵量会更少。幼虫不耐高温和低湿，气温19～23℃，相对湿度 50%～80% 最有利。当温度高达 35℃ 或相对湿度降低到 18% 时，初孵化的幼虫都不能成活。一般水浇地、河边、池塘边等潮湿的玉米田块，由于食源充足，温湿度适宜，有利于成虫产卵和幼虫生长发育，田间虫口密度就大，为害相对就重。

（四）发生与环境的关系

影响黏虫发生的环境因子很多，主要受气候、食料营养、天敌和农业生产活动等因素的影响。大发生时因食物缺乏或环境不适有成群结队迁移为害的习性。降雨和温湿度变化是影响黏虫发生的重要因素。温暖高湿，禾本科植物丰富有利于黏虫发生；水肥条件好、长势茂密的田块虫害重；干旱或连续阴雨不利其发生。

（五）防治技术

针对黏虫繁殖速度快、短期内暴发成灾，三龄后食量暴增、抗药性增强等特性，黏虫防治应采取控制成虫发生，减少产卵量，抓住幼虫三龄暴食为害前关键防治时期，集中连片普治重发生区，隔离防治局部高密度区，控制重发生田害虫转移为害。密切监视一般发生区，对超过防治指标的点片及时挑治，注意防治务必掌握在幼虫三龄期以前，施药以上午为宜，重点喷洒植株上部。做到早发现，早防治，尽量把玉米黏虫防治在三龄以前。防治时间一般选择早晚幼虫取食的高发时间；喷药部位尽量施药在玉米上部心叶。

1. 防治成虫，降低产卵

利用黏虫成虫产卵习性、趋光、趋化性，采用谷草把、糖醋液、性诱捕器、杀虫灯等诱杀成虫，以减少成虫产卵量，降低田间虫口密度。

（1）谷草把法。一般扎直径为5厘米的草把，每亩插60~100个，5天换一次草把，换下的枯草把集中烧毁，以消灭黏虫成虫。

（2）糖醋法。取红糖350克、酒150克、醋500克、水250克、再加90%的晶体敌百虫15克，制成糖醋诱液，放在田间1米高的地方诱杀黏虫成虫。

（3）性诱捕法。用黏虫性诱芯的干式诱器，每亩1个插杆挂在玉米田，诱杀产卵成虫。

（4）杀虫灯法。在成虫交配产卵期，于田间安置杀虫灯，灯间距100米，20时至翌日5时开灯，诱杀成虫。

2. 防治幼虫，减轻为害

在幼虫发生初期及时喷药防治，把幼虫消灭在三龄之前。

（1）达标防治。当玉米田虫口密度达30头/每百株以上时，每亩可用50%辛硫磷乳油、80%敌敌畏乳油、40%毒死蜱（乐斯本）乳油、75~100克加水50千克或20%灭幼脲3号悬浮剂或25%氰·辛乳油20~30毫升或4.5%高效氯氰菊酯50毫升加水30千克均匀喷雾，或用5%甲氰菊酯（灭扫利）乳油、5%氰戊菊酯（来福灵）乳油、2.5%高效氯氟氰菊酯（功夫）乳油、

2.5% 溴氰菊酯（敌杀死）乳油 1 000～1 500 倍液、40% 氧化乐果 1 500～2 000 倍液、10% 吡虫啉 2 000～2 500 倍液喷雾防治。

（2）注意事项。施药时间应在晴天 9 时以前或 17 时以后，若遇雨天应及时补喷，要求喷雾均匀周到、田间地头，路边的杂草都要喷到。遇虫龄较大时，要适当加大用药量。虫量特别大的田块，可以先拍打植株将黏虫抖落地面，再向地面喷药，可收到良好的效果。喷雾时要穿好防护服，戴好口罩。

十七、玉米蚜虫

玉米蚜虫俗称腻虫，是为害玉米的害虫之一，广泛分布于玉米产区，可为害玉米、高粱、小麦、水稻及多种禾本科杂草等，近年来有加重趋势。

（一）形态特征

玉米蚜虫属昆虫纲、同翅目、蚜科。

（1）无翅胎生孤雌蚜。体长 1.5～2.0 毫米，长卵形，若蚜体深绿色，成蚜为暗绿色，常有一层蜡粉。附肢黑色，复眼红褐色，触角 6 节，触角长度为体长的 1/3。体表有网纹。腹管长圆筒形，端部收缩，腹管具覆瓦状纹，基部周围有黑色的晕纹；尾片圆锥状，具毛 4～5 根。

（2）有翅胎生雌蚜。体长 1.5～2.5 毫米，长卵形，体深绿色，头、胸黑色发亮，复眼为暗红褐色，腹部黄红色至深绿色，第三、四、五节两侧各有黑色小点 1 个，腹部 2～4 节各具 1 对大型缘斑；触角 6 节比身体短；翅透明，前翅中脉分为二叉；足为黑色，腿节和胫节末端色较淡；腹管为圆筒形，端部呈瓶口状，暗绿色且较短；尾片两侧各着生刚毛 2 根；卵椭圆形；触角、喙、足、腹节间、腹管及尾片黑色。

（二）发生规律与为害特点

从北到南一年发生 10～20 余代，一般以无翅胎生雌蚜在小麦苗及禾本科杂草的心叶里越冬。6 月下旬 7 月初蚜虫由其他寄主迁往玉米、高粱等作物为害。玉米蚜成虫、若虫刺吸植株汁液，玉米苗期蚜虫群集于叶片背部和心叶为害，轻者造成玉米生长不良，严重地块受害时植株生长停滞、甚至死苗。玉米抽雄前，一直群集于心叶里繁殖为害，到了玉米大喇叭口期，蚜量迅速增加，扬花期蚜猛增，在玉米上部叶片和雄花穗上群集为害。扬花期是玉米蚜繁殖为害的最有利时期，故防治适期应在玉米抽雄前。适温高湿，即旬平均气温23℃左右，相对湿度85%以上，玉米正值抽雄扬花期时，最适于玉米蚜的增殖为害，随着玉米雄穗逐渐抽出，大量成、若蚜集中于雄穗苞内，有的单穗有蚜几百头至上千头，蚜量多时成堆，布满各个分枝，称为"黑穗"，严重时，自果穗以上所有叶片、叶鞘及果穗苞内、外，遍布蚜虫，称"黑株"。由于蚜虫排泄的"密露"黏附叶片，常在叶面形成一层黑色的露状物，影响光合作用和雄穗散粉，造成百粒重下降，严重时造成空秆。同时，蚜虫大量吸取汁液，使玉米植株水分、养分供应失调，影响正常灌浆，导致秕粒增多，粒重下降，甚至造成无棒"空株"。暴风雨对玉米蚜有较大控制作用。杂草较重发生的田块，玉米蚜也偏重发生。8月下旬末天敌大量出现，气候干燥凉爽，蚜量急剧下降，集中在雌穗苞叶或下部叶片，玉米收获前产生有翅蚜迁飞其他寄主。

（三）防治方法

及时清除田间地头杂草，在玉米拔节期发现中心蚜株，或在玉米心叶期有蚜株率达50%，百株蚜量达2 000头以上时，应喷药防治有效控制蚜虫为害。

（1）40%氧化乐果乳油80～100毫升/亩，对水15～30千克喷雾。

（2）10%吡虫啉30克/亩，对水15～30千克喷雾。

（3）20%啶虫脒10～15克/亩，对水15～30千克喷雾。

（4）4.5%高效氯氰菊酯120毫升/亩，对水15～30千克喷雾。

（5）50%抗蚜威3 000倍液，或用40%乐果1 500倍液，均匀喷雾。

（四）注意事项

（1）由于玉米植株比较高大，气温较高，田间空气流通不畅，用药防治时必须佩戴防毒面具，不能长时间劳作，以防中毒。发现中毒，及时抢救。施药时间尽量避开中午高温时段。

（2）施药时严格遵守顺风施药，不吸烟、不吃食物等农药操作规程，避免中毒事故发生。

十八、双斑萤叶甲

双斑萤叶甲是近年来我国新发生的害虫，在新疆维吾尔自治区等地为害棉田，陕西、内蒙古自治区等地局部地区为害玉米，吉林省东丰县、白城地区等有部分发生。以为害玉米叶片和雄蕊、雌穗为主，一般造成玉米产量损失 5% ~ 15%。

（一）形态特征

双斑萤叶甲成虫长卵圆形，棕褐色，具有光泽。体长 3.5 ~ 4.0 毫米。头、胸红褐色，触角灰褐色。鞘翅基半部黑色，上有 2 个淡黄色斑，斑前方缺刻较小，鞘翅端半部黄色。胸部腹面黑色，腹部腹面黄褐色，体毛灰白色。触角丝状，11 节，长度约为体长的 2/3，基部 3 节黄色，余为黑色。卵圆形，初产时棕黄色，0.6 毫米，宽约 0.4 毫米，卵壳表面有近等边的六角形网纹。幼虫体长行，白色，少数黄色，长约 6 毫米，但行动时可伸长至 9 毫米，前胸背板骨化色深，腹面末端有铲形骨化板。蛹白色，长 2.8 ~ 3.5 毫米，宽约 2 毫米，体表具刚毛。

（二）发生规律

1. 生活史

在吉林省一年发生一代，以卵在土中 0 ~ 15 厘米深处越冬。翌年 5 月开始孵化，自然条件下，孵化率很不整齐，幼虫共 3 龄，幼虫期 30 ~ 40 天，老熟幼虫做土室化蛹，蛹期 7 ~ 10 天。幼虫一直生活在土中，幼虫主要取食玉米、杂草等植物的根系完成生长发育，一般在未经翻耕、杂草丛生的地块表土中。初羽化的成虫喜在田边杂草上生活，约经 15 天转移到玉米、豆类、高粱、蔬菜上为害，7 月初始见成虫，此后一直持续为害至 9 月，成虫期 3 个月左右，7～8 月进入为害盛期，此时也正是玉米雌穗吐丝盛期及豆类作物开花结荚期，它取食玉米花丝，高粱及谷子花药，豆类作物的嫩荚以及初灌浆的嫩粒。作物秋收后，成虫转移到蔬菜上为害，尤其喜食十字花科蔬菜。成虫羽化后经 20 天开始交尾，成虫一生可多次交尾多次产卵，把卵产在田间或菜园附近草丛中的表土下，卵散产或几粒黏在一起，一生可产卵二百多粒。

2. 习性

该虫对光、温的强弱较敏感。中午光线强温度高（高于 15℃），在农田活动旺盛，飞翔力强，取食叶片量大；早晨、晚间或风雨天光线弱温度低时（低于 8℃）飞翔力差，活动力差，常躲在叶片背面栖息；成虫受惊吓迅速跳跃或起飞，一般飞行距离 2～5 米；由于此害虫具有短距离迁飞的习性，迁飞后在一株上自上而下地取食，相邻的农田同时发生时，其中一块地进行防治而其他地不防治，则过几天防治过的地又呈点片发生，加大防治难度，为害程度更重。

3. 发生与环境的关系

玉米双斑萤叶甲与虫源数量、气候条件、管理水平以及耕作制度等有相关性。高温干燥对双斑萤叶甲的发生极为有利，降水量少则发生重；降水量多则发生轻，暴雨对其发生极为不利。在黏土地上发生早、为害重，在壤土地、沙土地发生明显较轻。管理粗放、田间、地边杂草多的地块重。玉米田种植密度过大、田间郁蔽发生重。免耕田重于深翻耕田。此外，受其群聚习性的影响，同一田块不同位置发生差异亦较大，地边虫口数量往往多于中部；在同一村组不同田块间发生差异较大。该虫数量达到一定程度时，一旦条件适宜该虫发生量大，为害程度重，持续时间长，可从 7 月上旬一直持续为害到 9 月下旬。

（三）为害特点

双斑萤叶甲属鞘翅目叶甲科，可以为害玉米、谷子、高粱、大豆、花生、马铃薯、蔬菜及向日葵等多种作物和杂草等。该虫主要在 7~9 月发生为害，在玉米田主要以成虫为害叶片、花丝、嫩穗，常集中于一棵植株，自上而下取食，中下部叶片被害后，残留网状叶脉或表皮，远看呈小面积不规则白斑。玉米抽雄吐丝后，该虫喜取食花药、花丝，影响玉米正常扬花和授粉。成虫能飞善跳，具有突发性、群聚性、弱的假死性、较强的迁飞习性和趋嫩为害习性。

（四）综合防治措施

1. 农业防治

清洁田园，清除田间地边杂草，特别是稗草，减少双斑萤叶甲的越冬寄主植物，深松土壤，破坏越冬场所，杀灭越冬虫卵，降低越冬基数；合理施肥，提高植株的抗逆性；对点片发生的地块于早晚人工捕捉，降低基数；对双斑萤叶甲为害重及防治后的农田及时补水、补肥，促进农作物的营养生长及生殖生长。

2. 生物防治

在农田地边种植生态带（苜蓿）以草养害，以害养益，引益入田，以益控害，达到理想的生态平衡。合理使用农药，保护利用天敌。双斑萤叶甲的天敌主要有瓢虫、蜘蛛等。

3. 化学防治

（1）防治指标。百株虫口达到 100 头、被害株率达 30% 以上时进行防治。

（2）统防统治。成虫具有一定短距离迁飞的习性，所以一定要统防统治，才能取得较好的防治效果。

（3）合理用药。选用 1.8% 阿维菌素乳油 1 000 倍、2.5% 高效氯氟氰菊酯乳油 1 500 倍、5% S－氰戊菊酯乳油 1 500 倍、2.5% 溴氰菊酯乳油 1 500 倍、50% 辛硫磷乳油 800 倍、4.5% 高效氯氰菊酯乳油 1 500~2 000 倍，20% 的杀灭菊酯乳油 1 500 倍液喷雾，玉米田重点喷在雌穗周围，严重地块喷药后间隔 5～7 天再喷施 1 次，可有效控制该虫对作物的为害。也可选用硫丹、锐劲特（氟虫氰）等药剂喷雾防治。

（五）注意事项

（1）防治时间。最佳防治时期是成虫盛发期（7 月下旬到 8 月）。因为防治期间正处于高温酷暑季节，所以，一定要在 9～11 时和 16～19 时进行防治，避开中午高温时间，以免造成人员中暑、中毒或者对玉米产生药害；同时，这两个时间段又是玉米双斑萤叶甲成虫活跃期，此时防治可提高防治效果。

（2）玉米扬花期间避免用药防治，以免影响授粉。

（3）喷药时一定要戴上防护手套、口罩等，做好防护工作，以免中毒。

第二章　水稻主要病虫害防治技术

一、水稻立枯病

立枯病是吉林省水稻苗期的主要病害，随着湿润育苗、旱育苗，特别是塑料保温育苗技术的大面积推广，该病为害尤为严重。

（一）症状

1. 幼芽腐死

稻苗在出土或出土之前就已腐死，芽或根变褐、扭曲、腐烂。

2. 立针基腐

稻苗自出土至二叶期发生，叶片不展开，呈锥形，秧苗逐渐枯死，茎基部软化变褐。用手提苗，容易拔断而与种子脱离。

3. 卷叶黄枯

多发生在三叶期前后，开始时，清晨揭开薄膜，可见成簇稻苗叶上无露珠，以后叶片卷曲变黄枯死。病苗根部发锈变褐，根毛稀少，甚至无根毛。用手提苗往往连根拔起。开始在苗床中部发生较多，逐渐蔓延到全床。

4. 打绺青枯

多发生于三叶期前后。开始时，稻苗无露珠，然后突然成簇成片青枯，叶心或最上部叶片卷成柳叶状，根部症状如卷叶黄枯，病势发展很快，严重时全床毁灭。

（二）病原菌与发病条件

立枯病的病原菌种类较多，主要有镰刀菌、丝核菌和腐霉菌。该病发生与气候、苗床温度和土壤肥料等条件关系很大。一般在育苗期间遇持续低温、苗床昼夜温差大、播种过密，不注意及时炼苗等情况下，秧苗素质差，抵抗力低，发病重。

（三）防治方法

防治立枯病，首要是预防。要加强苗床管理，培育壮苗，防止稻苗徒长，增强稻苗抵抗力。此外，可采用酸化床土和药剂防治等措施。

1. 酸化床土

一般情况下，床土偏酸，稻苗生长健壮，不利于立枯病的发生，可减轻发病。可用硫酸或酸化剂，根据使用说明书，将床土酸碱度调到 pH 值 4.5 ~ 5.0。

2. 药剂防治

（1）播种前，用 60% 敌克松可湿性粉剂 1 000 倍液，每平方米 3 千克均匀喷洒，消毒床土。

（2）水稻出苗 80% 至一叶一心期用 15% 立枯灵（恶霉灵）500 倍液，每平方米 2 ~ 3 千克喷洒，已发病苗床可用 250 倍液喷洒，可连续使用两次，间隔 10 ~ 12 天。

（3）30% 恶·甲水剂每平方米 15 ~ 20 毫升对水 3 千克喷雾防治。

（4）20% 移栽灵每平方米 4 毫升加水 3 千克喷雾防治。

（5）30% 瑞苗青每平方米 1.0 ~ 1.5 毫升加水 3 千克喷雾防治。

（6）67% 枯病清可湿性粉剂每平方米 1.5 ~ 2.0 克加水 1.5 千克喷雾防治。

二、水稻恶苗病

恶苗病，又称"公稻子"，俗称"标茅"、"禾公"，是水稻的常见病害，全国各稻区均有发生。一般病株率为 1.3%，严重田病穴率可达 40% ~ 45%，严重影响水稻的产量，尤其是在推广塑料保温旱育苗技术之后，该病为害加重，对生产影响大，必须年年进行防治。

（一）症状

恶苗病是一种全株病害，在苗期和成株均可发病。在苗期，最明显的症状是病苗细长，颜色淡黄，病苗黄瘦细高，根系发育不好，根毛很少。病苗到插秧前多半枯死。在本田，病株颜色淡黄，稍高，不分蘖，茎基部变褐，根系发育不正常。另一个主要特征是在下部节上，生有向下方伸长的假根。多数病株在抽穗前枯死，少数可以出穗，但不能正常结实，故有"公稻子"之称。在枯死病株的下部叶鞘及茎秆上生有粉红色霉层（即病菌分生孢子）。

（二）病原菌与传播

恶苗病病原菌为串珠镰孢菌（*Fusarium moniliforme Sheld.*），属半知菌亚门真菌。恶苗病一般在土温25℃时最适合发病，在土温低于20℃或高于40℃都不表现症状，所以南方稻区旱育秧恶苗病较水育秧严重，主要是由于旱育秧育苗时，采取覆膜处理，使土温在35℃左右，最适合恶苗病的发生。播种带菌稻种，采用病草盖种盖秧和扎秧，种子有伤口，移栽秧苗根部受损伤，杂交稻威优系统组合等抗病性弱等情况均适宜于病菌的发育和侵入，病害常较重。

带菌种子和病稻草是该病发生的初侵染源。浸种时带菌种子上的分生孢子污染无病种子而传染。严重的引起苗枯，死苗上产生分生孢子，传播到健苗，感染到花器上，侵入颖片和胚乳内，造成秕谷或畸形，在颖片合缝处产生淡红色粉霉。病菌侵入晚，谷粒虽不显症状，但菌丝已侵入内部使种子带菌。脱粒时与病种子混收，也会使健种子带菌。

（三）防治方法

该病是由种子传播的病害，实行严格的种子消毒，是防治此病的关键。

（1）20%溴硝醇可湿性粉剂，对水250倍，在室内常温下浸种5～7天，种子与药液之比1∶1.2.每天搅动1次，一浸到底，直接催芽播种。

（2）35%恶苗灵胶悬剂，对水 250 倍液，在室内常温下浸种5～7天，一浸到底。方法同上。

（3）45% 901 可湿性粉剂，药：水：种之比为 1：500：400。方法同上。

（4）25%施保克（施百克）乳油，对水 3 000 倍液，在室内常温下浸种 5～7 天，捞出后清水催芽播种。

三、水稻稻瘟病

稻瘟病是水稻的主要病害，在吉林省主要稻区均有不同程度的发生，流行年份常造成灾害。防治稻瘟病是保证水稻生产安全的一个重要问题。

（一）症状

稻瘟病在水稻叶片、茎秆、穗颈和谷粒等部位都可发生。一般按发病部位分别称为叶瘟、节瘟、穗颈瘟、枝梗瘟和粒瘟等。

1. 叶瘟

吉林省一般在水稻分蘖盛期盛发，即 6 月下旬到 7 月上旬开始发生，7 月中下旬达到发病盛期。叶瘟由于气候条件、病斑发生的时间和水稻品种感病程度而不同，可以分为急性型、慢性型、白点型、褐点型四种。①急性型：叶片上产生暗绿色水渍状近圆形病斑，而后发展成梭形。病部密生灰绿色霉层，急性型病斑的出现是稻瘟病流行的先兆；②慢性型：病斑梭形，两端常有沿叶脉延伸的褐色坏死线，病斑中央灰白色，边缘褐色，外围常有浅黄色晕圈，病斑背面有灰色霉层。这种病斑是稻瘟病的典型病斑；③白点型：多在感病品种上出现近圆形白色小圆点，条件适宜时可变成急性型病斑；④褐点型：在抗病品种的老叶上，仅产生针头大小的褐点，局限于叶脉间，条件适宜可变成慢性型病斑。

2. 穗颈瘟

一般在水稻抽穗 10 天以后显现症状。最初在穗颈上出现暗褐色小点，逐渐扩大到整个穗颈并向上下发展，使穗颈附近的一段茎秆变成黑褐色或蓝褐色，最后病部组织干枯，影响结实，变成白穗。

3. 节瘟

在水稻茎节部先出现蓝褐色斑点，稍凹陷，以后扩展到整个节部，节部折断，发病早的影响结实，形成白穗。

4. 枝梗瘟

指在穗的主轴的一部分和穗枝梗上发病，其症状与穗颈瘟相同。枝梗发病后容易枯死，产生"死码子"，严重时造成半白穗。

5. 粒瘟

在谷粒和护颖上发病，早期谷粒得病不能灌浆结实，变成灰白色秕粒，得病晚的则在谷粒表面形成蓝灰色斑，成熟不良，多为碎米。

（二）病原菌与发病条件

病原菌为灰梨孢菌，属半知菌亚门真菌。阴雨连绵，日照不足或时晴时雨，或早晚有云雾或结露条件，病情扩展迅速。品种抗性因地区、季节、种植年限和生理小种不同而异。籼型品种一般优于粳型品种。同一品种在不同生育期抗性表现也不同，秧苗四叶期、分蘖期和抽穗期易感病，圆秆期发病轻，同一器官或组织在组织幼嫩期发病重。穗期以始穗时抗病性弱。偏施过施氮肥有利发病。放水早或长期深灌根系发育差，抗病力弱发病重。

病菌以分生孢子和菌丝体在稻草和稻谷上越冬。翌年产生分生孢子借风雨传播到稻株上，萌发侵入寄主向邻近细胞扩展发病，形成中心病株。病部形成的分生孢子，借风雨传播进行再侵染。播种带菌种子可引起苗瘟。适温高湿，有雨、雾、露存在条件下有利于发病。菌丝生长温限 $8 \sim 37℃$，最适温度 $26 \sim 28℃$。孢子形成温限 $10 \sim 35℃$，以 $25 \sim 28℃$ 最适，相对湿度 90% 以上。孢子萌发需有水存在并持续 $6 \sim 8$ 小时。适宜温度才能形成附着胞并产生侵入丝，穿透稻株表皮，在细胞间蔓延摄取养分。

（三）防治方法

稻瘟病为害时间长，侵染部位多，流行因素复杂，因此，必须采取"以种植抗（耐）病品种为中心，以生态调控防病栽培为基础，适期喷药防治"的综合防治措施。

1. 种植抗（耐）病品种

这是一项经济有效的防治措施。目前，抗病品种比较多，应该因地制宜加以选择利用。应当指出，水稻品种的抗病性是相对的，也不是一成不变的。一旦病菌生理小种种群发生变化，或品种混杂退化，或栽培措施不当，抗病品种就会丧失抗病性变为感病品种。因此，根据生物多样化的原则，要做到品种合理布局，防止大面积种植单一化，并不断更新抗病品种。

2. 及时清除病稻草、病秕粒等初侵染病源可以减少发病，也是预防稻瘟病的一个重要环节

3. 加强生态调控、防病栽培措施

培育壮苗，合理密植，科学施肥，适时烤田促使水稻生育健壮，增强抵抗力可以减轻发病和为害。实践证明，往往由于施肥（特别是氮肥）过量或过迟，造成严重发病。

4. 药剂防治

稻瘟病已经发生，药剂防治是控制和减轻为害的一项十分重要的应急措施。采用药剂防治必须掌握以下几个原则，才能收到预期的防治效果：一是要做到早期发现及时喷药；二是既要抓紧叶瘟防治，又要抓好穗颈瘟防治；三要根据药剂的特点、病势和天气情况，科学用药。常用药剂如下。

（1）40%富士一号（稻瘟灵）乳油（或可湿性粉），每亩（667平方米，下同）100克，对水50千克进行喷雾。

（2）20%三环唑（比艳）可湿性粉剂（或胶悬剂），每亩100克，加水30千克稀释，进行喷雾。

（3）13%灭稻瘟一号（稻洁）可湿性粉剂，该药是一种兼有预防和治疗作用的复合剂。每亩100克加水50千克稀释，然后进行喷雾防治。

（4）50%稻瘟酞（四氯苯酞）可湿性粉剂每亩75克，加水1 000倍液稀释，进行喷雾防治。该药药效期较长，预防作用较持久。

（5）40%克瘟散乳油每亩75克加水750倍液稀释，进行喷雾防治；发病严重的地块，每亩可用100克稀释500倍液，进行喷雾防治。

（6）用1.5%或2%克瘟散粉剂每亩2.5千克喷粉。对水稻纹枯病和水稻胡麻斑病也有一定的兼治作用。

（7）25%施保克乳油每亩75～100毫升，加水50千克喷雾防治。

四、水稻纹枯病

在吉林省各稻区均有不同程度发生，随着水稻生产水平的提高，施肥量的增加，在中、东部高产稻区受害面积较大，其他稻区病情都在加重，已成为水稻生产上一种不可忽视的病害。

（一）症状

纹枯病主要为害叶鞘，也为害叶片、茎秆和稻穗。最初在近水面的叶鞘上先发病，逐渐向上发展，甚至剑叶也可能被害。初呈暗绿色水渍状小斑点，逐渐扩大成椭圆形，可以汇合成云纹状大斑。干燥时病斑边缘明显，褐色，中间褪为淡绿色，最后变为灰白色。潮湿时呈水渍状，边缘暗绿色，中央灰绿色，常因叶鞘组织破坏而造成叶片枯黄。严重时剑叶枯死，植株不能正常抽穗。被侵染的叶片严重者也可导致枯死造成谷粒不饱满。纹枯病发生严重时常导致植株倒伏或全株枯死，使水稻严重减产。

（二）病原菌与发病条件

病原菌无性世代为立枯丝核菌，半知菌亚门丝核菌属；有性世代为瓜之革菌，担子菌亚门亡革菌属。致病的主要菌丝融合群是AG-1占95%以上，其次是AG-4和AG-Bb（双核线核菌）。生长前期雨日多、湿度大、气温偏低，病情扩展缓慢，中后期湿度大、气温高，病情迅速扩展，后期高温干燥抑制了病情。气温20℃以上，相对湿度大于90%，纹枯病开始发生；气温在28～32℃，遇连续降雨，病害发展迅速；气温降至20℃以下，田间相对湿度小于85%，发病迟缓或停止发病。长期深灌，偏施、迟施氮肥，水稻郁蔽、徒长促进纹枯病发生和蔓延。

病菌主要以菌核在土壤中越冬，也能以菌丝体在病残体上或在田间杂草等其他寄主上越冬。翌春春灌时菌核飘浮于水面与其他杂物混在一起，插秧后菌核黏附于稻株近水面的叶鞘上，条件适宜生出菌丝侵入叶鞘组织为害，气生菌丝又侵染邻近植株。水稻拔节期病情开始激增，病害向横向、纵向扩展，抽穗前以叶鞘为害为主，抽穗后向叶片、穗颈部扩展。早期落入水中菌核也可引发稻株再侵染。早稻菌核是晚稻纹枯病的主要侵染源。菌核数量是引起发病的主要原因。每亩有6万粒以上菌核，遇适宜条件就可引发纹枯病流行。高温高湿是发病的另一主要因素。气温18～34℃都可发生，以22～28℃最适。发病相对湿度70%～96%，90%以上最适。菌丝生长温限10～38℃，菌核在12～40℃都能形成，菌核形成最适温度28～32℃。相对湿度95%以上时，菌核就可萌发形成菌丝。6～10天后又可形成新的菌核。日光能抑制菌丝生长促进菌核的形成。水稻纹枯病适宜在高温、高湿条件下发生和流行。

（三）防治方法

主要是采取农业技术措施，改善水稻生长的生态条件，提高水稻的抗病力，减少为害。再者就是对发病严重的地块进行药剂防治。

1. 清除菌核实行秋翻深耕

把散落在地表的菌核深埋在土中。水田灌水耙地后，捞出稻田浮渣菌核，深埋或烧掉。铲除田边杂草，消灭野生寄主，以减少病菌来源。

2. 改进栽培技术

实行合理密植，施足有机肥，并增施磷钾肥，适量分期追施氮肥。根据水稻生长情况，合理排水晒田，控制水稻徒长。

3. 药剂防治

根据该病在吉林省的发生规律，一般在 7 月 20 日前后，当稻丛发病率达 20% 时，可作为防治指标。发病早的年份，15 天后可再施药防治 1 次。如果全生育期，只施一次，以 8 月 5 日前后施药为宜，喷药应喷在水稻植株的下部。

（1）5% 井冈霉素水剂每亩 300 毫升对水 75 ~ 100 千克喷雾。

（2）4% 多抗霉素可湿性粉剂每亩 300 毫升对水 75 ~ 100 千克，喷雾防治。

（3）4% 农抗 120 水剂每亩 100 ~ 150 克对水 50 ~ 60 千克喷雾。

（4）33% 纹霉净可湿性粉剂每亩 200 克加水 50 千克喷雾。

（5）20% 粉锈宁可湿性粉剂每亩 50 ~ 75 克加水 50 千克喷雾。

（6）77% 护丰安（氢氧化铜）可湿性粉剂每亩 75 克加水 700 倍喷雾。

（7）30% 纹枯利可湿性粉剂每亩 50 ~ 75 克加水 50 千克喷雾。

五、水稻稻曲病

稻曲病又称"乌米"，以前在吉林省少数稻区零星发生，自 20 世纪 80 年代以后，随着施肥水平的提高，发生的面积和为害的程度都在增加，成为生产上一个主要病害。

（一）症状与为害

稻曲病为害水稻穗部，造成部分籽粒发病。在一个穗上，通常有一至几个病粒，严重时则多达十几乃至几十个病粒。病粒起初呈淡绿略带黄白色，逐渐膨大从内外颖合缝处露出淡黄绿色块状物即病原菌的孢子座。以后形成球形逐渐扩大，呈橘黄色，表面光滑，外包一层薄膜。随着病菌的繁育，病菌粒不断膨大，包裹全颖，变成墨绿色。病粒直径可达 1 厘米左右，比一般正常稻粒大 3~4 倍，后期薄膜破裂，露出一层墨绿色粉末，即病菌的厚垣孢子。该病不仅毁掉稻粒，而且还消耗整个稻穗的营养，致使其他籽粒不饱满；随着病粒的增多，空秕率明显增加，千粒重下降。

（二）病原菌及发病条件

病原菌为稻绿核菌，属半知菌亚门真菌。

在影响发病的诸因素中，以品种、施肥和天气条件为明显。幼穗形成至孕穗期如天气温暖多湿；偏施氮肥，后期稻株"贪青"；密穗型的品种皆有利发病；杂交稻比常规稻发病重。

病菌以落入土中菌核或附于种子上的厚垣孢子越冬。翌年菌核萌发产生厚垣孢子，由厚垣孢子再生小孢子及子囊孢子进行初侵染。气温 24~32℃ 病菌发育良好，26~28℃ 最适，低于 12℃ 或高于 36℃ 不能生长。稻曲病侵染的时期和方式，众说不一，多数认为在水稻孕穗至开花期侵染为主，有的认为厚垣孢子萌发侵入幼芽，随植株生长侵入花器为害，造成谷粒发病形成稻曲。

（三）防治方法

1. 重病区

选用抗病丰产品种。

2. 清除病源

发病田要及时早摘除病粒，重病田在收获后要进行深翻，将病粒埋入深土中。

3. 改进栽培技术

合理密植，适量施用化肥，防止过多、过迟施用氮肥。改善水稻生长生态条件。

4. 药剂防治

据研究，应用药剂防治，以水稻出穗前 7~10 天为宜，如在水稻破口或出穗后施药，不仅防效差而且易发生药害，要特别予以注意。目前，常用药剂有以下几种。

（1）50% Dt 杀菌剂。每亩 100~150 克对水 50~60 千克进

行喷雾防治。

（2）6%多菌铜粉剂。每亩2.0~2.5千克喷粉防治。

（3）14%络氨铜水剂。250~300倍液，每亩喷药液50~80千克。

（4）5%井冈霉素水剂。每亩50克对水50~60千克进行喷雾防治。

（5）12.5%速保利可湿性粉剂。每亩50克对水50~60千克进行防治。

（6）30%爱苗乳油和43%好力克悬浮剂防治，都有较好的防治效果。

六、水稻细菌性褐斑病

（一）症状

水稻细菌性褐斑病，又称细菌性鞘腐病。为害叶片、叶鞘、穗、茎及小穗梗。叶上病斑初呈褐色水渍状小点，逐渐扩大成纺锤形、椭圆形不规则形条斑。病斑为赤褐色至黑褐色，边缘先呈水渍状黄色晕纹，病斑后期中心变褐色至灰色，组织坏死；叶上多数病斑整合在一起，形成大型条斑。叶鞘上的病斑，多见于幼穗抽出前的穗包上，赤褐色短条状，后多整合成不规则水渍状大斑，后变灰褐色，组织坏死，剥开受害的叶鞘茎上见有黑褐色条斑。剑叶发病严重时抽不出穗。穗轴、颖壳等部位受害，产生近圆形褐色小斑，严重时整个颖壳变褐，并深入米粒。谷粒病斑易与胡麻斑病混淆，在镜检时可见切口处有大量菌脓溢出。

（二）病原菌与发病条件

水稻细菌性褐斑病是由假单孢杆菌侵染水稻引起的一种细菌性病害。病菌从伤口侵入为主，也可从水孔、气孔侵入，随水流、风雨传播。一般7~9月，大风、暴雨多发病重；偏施氮肥、灌水过多、串灌等发病重；偏酸性土壤发病重。

（三）防治方法

1. 减少病菌来源与及时处理病稻草，铲除田边杂草

2. 选用抗病品种

3. 实行科学水肥管理，浅水灌溉、防止串灌、田水串流；采用配方施肥，忌偏施氮肥

4. 药剂防治

（1）25%叶青双可湿性粉剂每亩每次 100～150 克，加水 40～50 千克，在发病初期和齐穗期各喷药防治 1 次，在发病严重时可适当增加用量。

（2）72%农用链霉素可湿性粉剂稀释 3 000～4 000 倍液，隔 7～10 天喷 1 次，可连续喷 2～3 次。

（3）30%氧氯化铜可湿性粉剂 600～800 倍液，隔 7～10 天喷 1 次，可连续喷 2～3 次。

（4）77%可杀得悬浮剂 600～800 倍液喷雾，隔 7～10 天喷 1 次，可连续喷 2～3 次。

七、水稻赤枯病

水稻赤枯病是一种生理病害。据研究，吉林省发生的赤枯病多数因土壤缺锌或缺钾引起的。

（一）症状

吉林省发生的水稻赤枯病可分为两种类型：赤枯Ⅰ型和赤枯Ⅱ型。赤枯Ⅰ型即缺钾型赤枯，在吉林省中东部地区冷浆土、草甸土和草炭土地上水稻发生的赤枯病，多为赤枯Ⅰ型。一般在水稻分蘖期开始发病，以后逐渐加重，至抽穗期最为严重。发病初期表现植株矮化，叶色暗绿，呈青铜色；分蘖以后，中下部叶片从尖端出现褐色斑点，组织坏死枯黄，逐渐向上发展，老叶软弱下披，叶心挺直，茎易断倒伏，重病植株根系发育不良，呈褐色，有黑根，乃至腐烂，叶片干枯。

赤枯Ⅱ型即缺锌型赤枯，一般在吉林省中西部地区，低洼冷

凉盐碱地和小井灌溉地水稻上发生的赤枯病，多为赤枯Ⅱ型。一般在插秧后 2~3 周开始出现症状。先心叶中脉向外褪绿，逐渐变成黄白色，叶片中下部出现小而密集的褐色斑点，严重时斑点扩展至叶鞘和茎。下部老叶发脆下披，易折断。重病植株叶片窄小，茎节缩短，上下叶鞘重叠，乃至叶鞘出现错位现象，不分蘖，生长缓慢，根系老化，新根很少。

（二）防治方法

（1）对常发病的低洼冷浆地等类型稻田实行土壤加沙、煤渣等措施，加以改善土壤通气条件。多施有机肥：要搞好排灌系统建设，实行浅水勤灌，适当烤田；加强中耕管理，促进新根生长。

（2）施用锌肥。发生赤枯Ⅱ型的缺锌稻田（速效锌含量千克低于 0.5 毫克），每亩 1 千克硫酸锌与氮磷肥一起作面肥施用；或在育秧前，用 500 千克土加 10~20 克硫酸锌拌均匀，作为床土使用；也可用 0.5% 的硫酸锌液蘸根。对移栽后出现的缺锌型赤枯病的稻田应立即排水通气，中耕松土促进根系发育。并用 0.2%~0.3% 的硫酸锌水溶液每亩 50 千克进行叶面喷施。

（3）施用钾肥。发生赤枯Ⅰ型的缺钾型稻田，要施用草木灰作底肥，或每亩用 10~20 千克硫酸钾（或氯化钾）作基肥或田面肥。在已发生缺钾赤枯症状的田块，也要立即采用排水通气等措施促进根系发育，并在追氮肥时，每亩配合追施钾肥 10 千克。

八、水稻胡麻斑病

是水稻病害中分布较广的一种病害，在吉林省均有发生。一般土壤瘠薄、缺肥导致水稻生育不良时发病较重。胡麻斑病在我国水稻种植区虽在一定范围内有所发生，但一般不足以造成严重损失。一般由于缺肥、缺水等原因，引起水稻生长不良时发病严重，山区冷浸稻田和晚稻发生较多。主要引起叶片早衰，千粒重降低，影响产量和米质，一般造成减产 10%，严重时可达 30%

以上。

（一）症状

该病在水稻各生育期和地上各部位均可发生，以叶片发病最普遍，其次为谷粒、穗颈和枝梗等。叶片受害后初为小褐点，后扩大为椭圆形褐色病斑，因大小似胡麻籽，故称之为胡麻斑病。病斑边缘明显，外围常有黄色晕圈，后期病斑中央呈灰黄或灰白色；严重时病斑密生，常相联合形成不规则大斑。叶鞘上的病斑与叶片上的相似，斑形较大，形状不规则，边缘清楚，发生较少。谷粒上病斑与叶片上病斑相似，可扩展至全谷粒，湿度大时内外颖合缝处及谷粒表面产生大量黑色绒毛状霉层，造成瘪粒。穗颈和枝梗受害变暗褐色，症状与稻瘟病相似，但病部呈深褐色，变色部较长。叶稻瘟慢性型病斑为纺锤形，较大，中央灰白色，一般可与胡麻斑病相区别。

（二）病原菌

水稻胡麻斑病是由平脐蠕孢霉菌侵染引起的真菌病害，属半知菌亚门真菌。分生孢子梗常 2~5 根成束从气孔伸出，基部膨大，暗褐色，往上渐细色渐淡，不分枝，顶端屈膝状，有多个分隔。分生孢子倒棍棒形或长圆筒形，弯曲或不弯曲，褐色，有 3~11 个隔膜。

（三）发生规律

病菌以分生孢子附着在稻种、病稻草上或菌丝体潜伏于病稻草内越冬，带病种子播后，潜伏菌丝体可直接侵害幼苗，分生孢子可借风吹到秧田或本田，萌发菌丝直接穿透侵入或从气孔侵入，条件适宜时很快出现病症，并形成分生孢子，借风雨传播进行再侵染；病稻草上越冬菌丝产生的分生孢子，可随风传播，引起初次侵染，病部产生的分生孢子可进行再次侵染。菌丝翻入土中经一个冬季后失去活力。在干燥条件下，病组织上的分生孢子可存活 3~4 年。吉林省 6 月下旬、7 月初可见病斑，7 月末为盛发期，8 月中旬基本停止蔓延。该病菌的侵染对气象因子要求不严格，菌丝生长温限 5～35℃，24～30℃最适，分生孢子形成温限 8～33℃，30℃最适。萌发温限 2～40℃，24～30℃最适。孢子萌发须有水滴存在，相对湿度大于 92%。饱和湿度下 25～28℃，4 小时就可侵入寄主。但薄地、沙质土、酸性土、缺肥、缺水、长期积水、日照不足、根部受伤等引起水稻生长发育不良的因子对病害的发生均有利。

（四）防治方法

水稻胡麻斑病发生时期，侵染循环与稻瘟病相似，故防治措施与稻瘟病基本相同。应注意的是酸性土缺肥要增施基肥，合理配合使用氮、磷、钾肥，并做到排灌及时，以减轻病菌为害。由于此病为气流传播为主，多循环病害，故应采取综合防治措施。

（1）深耕灭茬，压低菌源。病稻草要及时处理销毁。

（2）选在无病田留种或种子消毒。可用 20% 三环唑 1 000 倍液浸种消毒。

（3）加强田间管理，增施腐熟堆肥做基肥，及时追肥，增加磷钾肥，特别是钾肥的施用可提高植株抗病力。酸性土注意排水，适当施用石灰。要浅灌勤灌，避免长期水淹造成通气不良。

（4）药剂防治。20% 粉锈宁（三唑酮）可湿性粉剂，每公顷 1 500 克加水喷雾；用 20% 三环唑 1 000 倍液或 70% 甲基托布津 1 000 倍液喷雾；50% 多菌灵可湿性粉剂，每公顷 1 500 克加水喷雾；25% 施保克（咪鲜胺）乳油，每公顷 1 500 毫升加水喷雾均可。

为了保证药效要注意以下事宜。遇到下列天气不能喷药：阴雨天不能喷；风大时不能喷；中午炎热时不能喷；有雾、有露时不能喷。

九、水稻潜叶蝇

（一）形态特征

成虫，灰黑色小蝇，体长 2 毫米左右，复眼棕褐色，前排灰黑色透明，足细长，黑褐色，胸背有六行毛，腹部心脏形，卵长圆柱形，乳白色，幼虫呈黄白色半透明小蛆，初化蛹时土黄色，羽化前黑褐色。

（二）为害时期及被害症状

以幼虫潜入叶片内吸食叶肉，仅留上、下表皮形成不规则白色条斑。为害重时整个叶片发白枯死，水分渗入后腐烂造成秧苗成片枯萎死苗。吉林省一年发生四至五代，第一代在6月，是为害水稻的主要世代。

（三）防治方法

在消除田埂、沟渠上杂草，减少虫源基础上，采取药剂防治。在成虫发生盛期，每亩用2.5%敌百虫粉剂1.5～2.0千克喷施，效果良好；杀虫卵可用50%甲基1605乳油；对于孵化高峰或已潜入叶片的幼虫用40%乐果乳油，或用40%氧化乐果乳油，或用90%晶体敌百虫喷雾均可。在插秧前1～2天，用下面药剂其中之一就可以防治，40%乐果或氧化乐果乳油，10%多来宝悬浮剂、25%杀虫双水剂对秧田普遍喷施，带药插秧，能杀死秧苗上的虫体，保证本田不受害，该法经济简便，效果好。

十、水稻二化螟

二化螟又名钻心虫、蛀心虫、蛀秆虫等，最近几年在吉林省中东部发生率较高，达40%以上，其他地区发生也较普遍。在分蘖期受害造成枯鞘、枯心苗，在穗期受害造成虫伤株和白穗，一般年份减产3%～5%。二化螟除为害水稻外，还能为害茭白、玉米、高粱、甘蔗、油菜、蚕豆、麦类以及芦苇、稗、李氏禾等杂草。

（一）形态特征

成虫是一种小蛾子，体长13～15毫米，体灰黄色或淡褐色，前翅近长方形，外缘有7个排列整齐的小黑点，后翅白色，卵长1.2毫米，扁椭圆形，卵块由数十至200粒排成鱼鳞状，长13～

16 毫米，宽 3 毫米，乳白色至黄白色或灰黄褐色。幼虫 6 龄左右。末龄幼虫体长 20～30 毫米，全体淡褐色，具红棕色条纹。蛹长 10～13 毫米，米黄色至浅黄褐色或褐色。

（二）为害时期及为害症状

吉林省一年发生一代，成虫产卵盛期 7 月上旬，7 月下旬是幼虫为害盛期，以老熟幼虫在稻草及杂草中越冬。二化螟幼虫钻入茎叶秆中为害，水稻分蘖期受害出现枯心苗和枯鞘；孕穗期、抽穗期受害，出现枯孕穗和白穗；灌浆期、乳熟期受害，出现半枯穗和虫伤株，秕粒增多，遇刮大风易倒折。二化螟为害造成的枯心苗，幼虫先群集在叶鞘内侧蛀食为害，叶鞘外面出现水渍状黄斑，后叶鞘枯黄，叶片也渐死，称为枯梢期。幼虫蛀入稻茎后剑叶尖端变黄，严重的心叶枯黄而死，受害茎上有蛀孔，孔外虫粪很少，茎内虫粪多，黄色，稻秆易折断。

（三）防治方法

在水稻收割时齐地收割，秋翻稻田，早春泡田，春季之前处理完稻草等措施可杀死越冬幼虫，减少基数。在化蛹高峰期深水灌溉 1 周可大量杀死蛹。在发生量大时需要使用化学药剂，目前，防治二化螟以枯鞘率作标志，达到 3% 时，大约在 7 月 10 日前后用药防治。现在药剂很多，常用的有 18% 杀虫双水剂、5% 锐劲特悬浮剂、20% 好年冬乳油、50% 杀虫单可湿性粉剂、30% 稻丰灵液剂、50% 马丹可湿性粉剂等。

十一、稻水象甲

稻水象甲是一种检疫性害虫，必须加强封锁工作。

（一）发生规律与为害

幼虫在土中咬食稻根，致稻株变黄严重时整株枯死。成虫咬食稻苗近水面的心叶，受害叶长出后，出现一行横排小孔，风折易断浮在水面上。

稻水象甲成虫在稻田附近山坡，荒地落叶、枯死杂草覆盖物下面的土表越冬，每年发生一代。4月中下旬始，越冬成虫开始活动，先取食禾本科、莎草科等杂草，秧苗田揭膜后，稻水象甲在秧田为害水稻。约在6月上旬开始产卵，6月中下旬是产卵高峰，6月中旬开始见幼虫，幼虫到8月下旬仍可见。新生成虫始见于7月下旬，羽化后钻出泥土，取食水稻下部幼嫩分蘖，到8月中下旬迁向越冬场所，少数滞留稻田取食稻叶。10月中下旬始，成虫在越冬场所基本不活动。

（二）防治措施

1. 农业措施

一旦发生虫害，可采用适时插秧移栽，培育健壮秧苗，增加水稻耐害能力，尤其是返青期干湿交替灌水的方法防治，对减轻稻水象甲为害具有良好的效果。水稻移栽后10天排干稻田水，保持湿润，经1周后正常灌水，可将产卵量减少30%以上。实践证明用佳多频振杀虫灯对稻水象甲有很强的诱杀作用，有条件地区可以采用。

2. 药剂防治

时间上应掌握成虫大量入稻田后，大量产卵前，对幼虫防治效果良好的药剂较少，施药困难。常用防治成虫的药剂有：25%阿克泰水分散颗粒剂、5%锐劲特悬浮剂、0.3%颗粒剂、甲基异柳磷、呋喃丹等，使用方法、用量应按照使用说明操作。

十二、水稻负泥虫

水稻负泥虫又名背屎虫，在山区或丘陵区稻田发生较多。属鞘翅目，叶甲总科，负泥虫科。主要分布于我国黑龙江、吉林、辽宁、陕西、浙江、湖北、湖南、福建、台湾、广东、广西壮族自治区、四川、贵州、云南等省，国外朝鲜和日本也有分布。是中国水稻的重要害虫，成虫、幼虫沿叶脉取食叶肉，留下透明的表皮，形成许多白色纵痕，严重时全叶发白、焦枯或整株死亡。以幼虫为害较重，主要发生在水稻幼苗期，一般受害植株表现为生育迟缓，植株低矮，分蘖减少，通常减产5%~10%，严重时达20%。除水稻外，还为害粟、黍、小麦、大麦、玉米、芦苇、糠稷、茭白多种禾本科作物与杂草。

（一）形态特征

成虫体长4~5毫米，头和复眼黑色，触角细长，达体长一半；前胸背板黄褐色，后方有一明显凹缢，略呈钟罩形；鞘翅青蓝色，有金属光泽，每个翅鞘上有10条纵列刻点；足黄褐色。卵长椭圆形，长约0.7毫米，初产时淡黄色，后变黑褐色。幼虫有四龄，初孵幼虫头红色，体淡黄色，呈半个洋梨形，老熟幼虫体长4~6毫米，头小，黑褐色；体背呈球形隆起，第5、第6节最膨大，全身各节具有6~22个黑色瘤状突起，瘤突均有1根短毛；肛门向上开口，粪便排体背上，幼虫盖于虫粪之下，故称背屎虫、负泥虫。蛹长约4.5毫米左右，鲜黄色，裸蛹，外有灰白色棉絮状茧。

（二）生活史

水稻负泥虫每年发生一代。以成虫在背风向阳的稻田附近的禾本科杂草根际和叶鞘中越冬，第二年，先群集在沟边禾本科杂草上取食，插秧后，便迁移到水稻田为害。取食一段时间即交尾产卵，卵常产在稻叶的正面，一般靠近叶尖，卵块排成两行，每块有1~27粒卵。幼虫孵化后在早晨或阴天活动，咬食秧苗叶肉，残留表皮，叶片受害形成纵行透明条纹，叶尖渐变枯萎，严重时全叶焦枯破裂。幼虫共四龄，初孵幼虫群集为害，以后逐步扩散到他处为害，幼虫排泄物堆积在背面，老熟后脱去背面的排泄物爬至水面部的叶片或叶鞘，分泌白色泡沫凝结成茧，在里面化蛹。成虫羽化后，新羽化的成虫当年不交尾，取食一段时间迁飞到越冬场所。成虫寿命可长达近一年，每只雌虫能陆续产卵约200粒。卵期7~8天；幼虫期15~20天；蛹期10~15天。低温寡照、高湿、雨水较多的气候条件有利于水稻负泥虫的发生。

（三）综合防治措施

1. 清除害虫越冬场所的杂草，减少虫源

一般于秋、春期间铲除稻田附近的杂草，可消灭部分越冬害虫，减轻为害。

2. 适时插秧

不可过早插秧，尤其离越冬场所近的稻田更不宜过早插秧，以避免稻田过早受害。

3. 人工防治

幼虫高发期有露水的早晨用扫梳等工具把幼虫扫落到水中。连续 3~4 天，每天 1 次，可达到95％以上的防虫效果。

4. 化学药剂防治

插秧后应经常对稻苗进行虫情调查，一旦发现有成虫为害，并有加重趋势时，就应进行施药。当幼虫有高粱米粒大小，大约在 6 月中下旬时进行化学防治，防治药剂有 5％锐劲特悬浮剂、70％吡虫啉可湿性粉剂、2％阿维菌素等。也可使用40％的氧化乐果与90％晶体敌百虫，或与 50％辛硫磷，也可与 2.5％的敌杀死，混合喷雾，每公顷 600~750 千克药液。

十三、水稻白背飞虱

白背飞虱属同翅目，飞虱科。全国大部分地区都有发生，以长江流域各省发生较多。主要为害水稻，也可为害小麦、高粱、玉米、茭白、甘蔗等。以成虫、若虫群集在稻茎秆部刺吸汁液，成虫产卵时可划破茎叶组织，严重时导致死秆倒伏，还可传播水稻黑条矮缩病。

（一）形态特征

成虫：有长、短翅型。长翅型，体长 3.8~4.5 毫米，灰黄色，头顶显著向前突出，前胸背板黄白色，中央有 3 条不明显的隆起线，小盾片中央黄白色，雄虫两侧黑色，雌虫两侧茶褐色，前翅半透明，两前翅会合线中央有一黑斑。短翅型雌成虫体长 4

毫米左右，色较暗，体肥胖。翅短，仅及腹部的一半。短翅型雄虫很少见。

卵：长 0.8~1 毫米，长椭圆形，稍弯，卵块中卵粒成单行，排列较松散，卵帽不露出产卵痕。

若虫：共五龄。三至五龄若虫体灰褐色，第3、第4腹节背面各有1对乳白色三角形斑。

（二）生活习性与发生规律

白背飞虱亦属长距离迁飞性害虫，我国广大稻区初次虫源由南方热带稻区随气流逐代逐区迁飞而来，成虫平时多在水稻茎秆和叶背取食，有趋光性和趋嫩绿习性。年发生世代因地而异，吉林省每年发生2代，在25℃下完成一世代约26天。卵多产于水稻叶鞘肥厚部分的组织中，也有的产于叶片基部中脉内，有5~28 粒，多为5~6 粒，产卵痕初呈黄白色，后逐渐变为褐色条斑。每头长翅型雌虫可产卵300~400 粒，短翅型比长翅型产卵量多约20%。若虫多生活于稻丛下部。三龄以前食量小，为害性不大，四至五龄若虫食量大，为害重。若虫群栖于基部叶鞘上为害，受害部先出现黄白斑，后变黑褐色，叶片由黄色变棕红色，重者枯死。

白背飞虱对温度适应性较强，30℃ 或 15℃ 时都可正常生长发育。对湿度要求较高，以相对湿度80%~90% 为宜。一般初夏多雨、盛夏干旱是大发生的预兆。可取食各生育期的水稻，但以分蘖盛期至孕穗抽穗期最为适宜。水稻腊熟期后则大量向外迁出。凡密植增加田间郁蔽度、田间湿度高，多施和偏施氮肥，不适时晾田、烤田，尤其是长期淹水的稻田，白背飞虱发生为害都较重。天敌种类与褐飞虱基本相同，对其发生量影响很大。

（三）防治方法

1. 农业防治

选用抗虫良种，科学管理肥水，做到控氮、增钾、补磷，浅水勤灌，适时晾田，保持田间通风透光，降低湿度，控制无效分蘖，使植株稳健生长。

2. 保护利用天敌

使用选择性杀虫剂，减轻对天敌昆虫的杀伤，利用天敌自然控制的作用。

3. 化学药剂防治

根据水稻品种类型和飞虱发生情况，采取重点防治低龄若虫高峰期的防治对策。可在若虫孵化高峰及二至三龄若虫发生盛期，及时喷洒 2.5% 扑虱蚜可湿性粉剂或 25% 扑虱灵可湿性粉剂，每亩 30～50 克，或 10% 多来宝悬浮剂 50～100 毫升，对水 40～60 千克喷雾。也可用 10% 吡虫啉可湿性粉剂 2 000 倍液，每亩用药 10～20 克对水 60 千克。还可使用叶蝉散、敌敌畏等药剂防治。

第三章　小麦主要病虫害防治技术

一、小麦颖枯病

在我国各地冬、春麦区均有发生，以北方春麦区发生较重。一般叶片受害率为 50% ~98%，颖壳受害率为 10% ~80%。

（一）症状

主要为害小麦未成熟穗部和茎秆，也为害叶片和叶鞘。穗部染病先在顶端或上部小穗上发生，颖壳上开始为深褐色斑点，后变为枯白色并扩展到整个颖壳，其上长满菌丝和小黑点（分生孢子器）；茎节染病呈褐色病斑，能侵入导管并将其堵塞，使节部畸变、扭曲，上部茎秆折断而死；叶片染害初为长梭形淡褐色小斑，后扩大成不规则形大斑，边缘有淡黄晕圈，中央灰白色，其上密生小黑点，剑叶被害扭曲枯死；叶鞘发病后变黄，使叶片早枯。

（二）病原菌

病原菌为颖枯壳针孢菌，属半知菌亚门真菌。分生孢子器暗褐色，扁球形，埋于寄主表皮下，大小（80 ~ 114）微米 ×（1.88 ~ 15.4）微米，微露。分生孢子长柱形，微弯、无色、单胞，大小（15 ~ 32）微米 ×（2 ~ 4）微米，成熟时有 1 ~ 3 个隔。有性时期在我国尚未发现。

（三）发病规律

侵染温度 10 ~ 25℃，以 22 ~ 24℃最适，适温下潜育期为 7 ~ 14 天。高温多雨条件有利于颖枯病发生和蔓延。连作田发病重。春麦播种晚，偏施氮肥，生育期延迟加重病害发生。使用带病种子及施腐熟有机肥，发病重。冬麦区病菌在病残体或附在种子上越夏，秋季侵入麦苗，以菌丝体在病株上越冬。春麦区以分生孢子器和菌丝体在病残体上越冬，次年条件适宜，释放出分生孢子侵染春小麦，借风、雨传播。

（四）防治方法

1. 选用无病种子

颖枯病病田小麦不可留种。

2. 清除病残体，麦收后深耕不茬

消灭自生麦苗，压低越夏、越冬菌源实行 2 年以上轮作。春麦适时早播，施用充分腐熟有机肥，增施磷、钾肥，采用配方施肥技术，增强植株抗病力。

3. 药剂防治

种子处理用50%多福混合粉（多菌灵：福美双为1∶1）500倍液浸种 48 小时或 50%多菌灵可湿粉、70%甲基硫菌灵（甲基托布津）可湿粉、40%拌种双可湿粉，按种子量 0.2%拌种。也可用 25%三唑酮（粉锈宁）可湿粉 75g 拌闷种 100kg 或 0.03%三唑醇（羟锈宁）拌种、0.15%噻菌灵（涕必灵）拌种。重病区，在小麦抽穗期喷洒 70%代森锰锌可湿性粉剂 600 倍液或75%百菌清可湿性粉剂 800～1 000 倍液或 25%苯菌灵乳油 800～1 000 倍液或 25%丙环唑（敌力脱）乳油 2 000 倍液，隔 15～20天 1 次，喷 1～3 次。

二、小麦全蚀病

小麦全蚀病又称小麦立枯病、黑脚病，是一种检疫性根部病害，是小麦的重要病害之一，对小麦稳产高产威胁很大。全蚀病还是一种具有较大毁灭性的病害，小麦受害后轻者减产 1～2 成，重者减产 6～7 成，甚至绝产。田间扩展蔓延，从出现发病中心到造成连片死亡、绝产只需 3　5 年时间。

（一）症状

只侵染麦根和茎基部 1～2 节。苗期病株矮小，下部黄叶多，种子根和地中茎变成灰黑色，严重时造成麦苗连片枯死。拔节期冬麦病苗返青迟缓、分蘖少，病株根部大部分变黑，在茎基部及叶鞘内侧出现较明显灰黑色菌丝层。抽穗后田间病株成簇或点片状发生早枯白穗，病根变黑，易于拔起。在茎基部表面及叶鞘内布满紧密交织的黑褐色菌丝层，呈"黑脚"状，后颜色加深呈黑膏药状，上密布黑褐色颗粒状子囊壳。该病与小麦其他根腐型病害区别在于种子根和次生根变黑腐败，茎基部生有黑膏药状的菌丝体。

（二）病原菌

病原菌为禾顶囊壳，属子囊菌亚门顶囊壳属。自然条件下仅产生有性态。

（三）发病规律

病害的发生发展与栽培制度、土肥、耕作制度、播期等多种因素有关。

（1）病地连作，病残体上菌连年积累，病害逐年加重。新发病田往往1年成点，2~3年成片，3~5年可绝产。

（2）气候及土壤条件。全蚀病菌侵入及发育适温都比较低，侵入的适宜温度为12~18℃，早播麦田往往苗期温度正适于病原菌侵入，如秋季雨水多，土壤湿度大，往往麦苗发病重。

（3）肥料。土壤中缺肥，植株生长衰弱，根系不发达，抗性差，有利于病原菌的侵染。增施有机肥、磷肥，根系发达，植株健壮抗病。

小麦全蚀病菌是一种土壤寄居菌。该菌主要以菌丝遗留在土壤中的病残体或混有病残体未腐熟的粪肥及混有病残体的种子上越冬、越夏，是后茬小麦的主要侵染源。引种混有病残体种子是无病区发病的主要原因。割麦收获区病根茬上的休眠菌丝体成为下茬重要初侵染源。冬麦区种子萌发不久，夏病菌菌丝体就可侵害种根，并在变黑的种根内越冬。翌春小麦返青，菌丝体也随温度升高而加快生长，向上扩展至分蘖节和茎基部，拔节至抽穗期，可侵染至第1~2节，由于茎基受害腐解病株陆续死亡。在春小麦区，种子萌发后在病残体上越冬菌丝侵染幼根，渐向上扩展侵染分蘖节和茎基部，最后引起植株死亡。病株多在灌浆期出现白穗，遇干热风，病株加速死亡。

（四）防治方法

（1）禁止从病区引种，防止病害蔓延。

（2）轮作倒茬。实行稻麦轮作或与棉花、烟草、蔬菜等经济作物轮作，也可改种大豆、油菜、马铃薯等，可明显降低发病。

（3）种植耐病品种。如百农矮抗 58、周麦 22 号、周麦 24 号、淮麦 22 号等。

（4）增施腐熟有机肥。提倡施用酵素菌沤制的堆肥，采用配方施肥技术，增加土壤根际微生态拮抗作用。

（5）药剂防治。提倡用种子重量 0.2% 的 2% 立克秀拌种，防效 90% 左右。严重地块用 3% 苯醚甲环唑悬浮种衣剂（华丹）80 毫升，对水 100～150 毫升，拌 10～12.5 千克麦种，晾干后即可播种也可贮藏再播种。小麦播种后 20～30 天，每亩使用 15% 三唑酮（粉锈宁）可湿性粉剂 150～200 克对水 60 升，顺垄喷洒，翌年返青期再喷 1 次，可有效控制全蚀病为害，并可兼治白粉病和锈病。

三、小麦禾谷胞囊线虫病

小麦禾谷胞囊线虫即燕麦胞囊线虫，是当前对小麦生产最有威胁性的线虫，几乎成为发病地区麦类作物的首要病害。此病仅发生于禾本科植物，主要为害小麦、大麦、燕麦、黑麦和大多数多年生和一年生禾草、谷物 27 属 34 种，我国 1987 年发现此病，1989 年鉴定确认此病病原。现已查知湖北省和华北主产区河北省、山西省、北京市均有发病。

（一）症状

受害小麦幼苗苗棵矮黄，根分岔多而短，根稍膨大，根生长的浅并显著减少，后期被寄生处根侧鼓包、皮裂，露出面粉粒状、先白色发亮后变褐发暗的胞囊，为识别此病之特征。

将挖取的细根，在空气中稍停几分钟使之稍干，胞囊可更明显，能增加胞囊的可见性。仅此成虫期可见胞囊。胞囊老熟，即易脱落，故往往查之无物，发生误诊，错作别病。

(二) 病原虫

病原线虫 *Heterodera avenae* Wollenweber，胞囊线虫属。雌虫阔柠檬形，大小（0.55～0.75）毫米×（0.3～0.6）毫米；头部环纹，并有 6 个圆形的唇片，口针长 26 微米左右；当其老化变成为胞囊时脱掉一层浅色的亚结晶膜，形状大小均与雌成虫基本相同，阴门窗膜孔为双膜孔型，无下桥，阴门锥下边有多而排列不规则的泡状突。卵肾形，以全含在雌虫体——胞囊内而不产出为其特征。

(三) 发病规律

麦类、燕麦等同种类作物连作或间隔时间短种植，可增加土内此线虫密度，而且在新开垦的草地上生长的谷物最易受侵染；但长期休闲或种豆科绿肥则能降低其密度。缺肥、干旱再加冬季低温，作物受损害严重。轻沙质土比黏质土发生普遍，在干旱条件下为害减产幅度大；轻沙壤土而又排水好的地块受害最重。土壤酸碱度、肥力与侵染程度有关。有的品种有很强的抑病力，其种间差异很明显。且只有一小部分能繁殖传代。这种品种虽尚未达到抗病的标准，但对线虫的生长发育有一定影响。

该线虫在我国年均只发生一代。9℃以上，有利于线虫孵化和侵入寄主。以二龄幼虫侵入幼嫩根尖，头部插入后在维管束附近定居取食，刺激周围细胞成为巨形细胞。二龄幼虫取食后发育，变为豆荚型，蜕皮形成长颈瓶形三龄幼虫，四龄为葫芦形，然后成为柠檬形成虫。被侵染处根皮鼓起，露出雌成虫，内含大量卵而成为白色胞囊。雄成虫由定居型变为活动型，活动出根与雌虫交配后死亡。雌虫体内充满卵及胚胎卵变为褐色胞囊，然后死亡。卵在土中可保持1年或数年的活性。胞囊失去生命后脱落入土中越冬，可借水流、风，农机具等传播。

（四）防治方法

（1）加强检疫，防止此病扩散蔓延。

（2）选用抗（耐）病品种。轮作时要与麦类及其他禾谷类作物隔年或3年轮作。

（3）加强农业措施。春麦区适当晚播，要平衡施肥，提高植株抵抗力。施用土壤添加剂，控制根际微生态环境，使其不利于线虫生长和寄生。

（4）药剂防治。每亩施用0.5%阿维菌素颗粒剂200克，也可用24%杀线威水剂600倍液在小麦返青时喷雾。

四、小麦白粉病

小麦白粉病是一种世界性病害，在各主要产麦国均有分布，我国山东沿海、四川、贵州、云南发生普遍，为害也重。近年来该病在东北、华北、西北麦区，亦有日趋严重之势。该病可侵害小麦植株地上部各器官，但以叶片和叶鞘为主，发病重时颖壳和芒也可受害。

（一）症状

该病可侵害小麦植株地上部各器官，但以叶片和叶鞘为主，发病重时颖壳和芒也可受害。初发病时，叶面出现1~2毫米的白色霉点，后逐渐扩大为近圆形至椭圆形白色霉斑，霉斑表面有一层白粉，遇有外力或振动立即飞散。这些粉状物就是该菌的菌丝体和分生孢子。后期病部霉层变为灰白色至浅褐色，病斑上散生有针头大小的小黑粒点，即病原菌的闭囊壳。

（二）病原菌

禾本科布氏白粉菌小麦专化型，属子囊菌亚门真菌。菌丝体表寄生，蔓延于寄主表面，在寄主表皮细胞内形成吸器吸收寄主营养。子囊壳一般在大小麦生长后期形成，成熟后在适宜温湿度条件下开裂，放射出子囊孢子。该菌不能侵染大麦，大麦白粉菌也不侵染小麦。小麦白粉菌在不同地理生态环境中与寄主长期相互作用下，能形成不同的生理小种，毒性变异很快。

（三）发病规律

该病发生适温 15～20℃，低于 10℃ 发病缓慢。相对湿度大于 70% 有可能造成病害流行。少雨地区当年雨多则病重，多雨地区如果雨日、雨量过多，病害反而减缓，因连续降雨冲刷掉表面分生孢子。施氮过多，造成植株贪青、发病重。管理不当、水肥不足、土地干旱、植株生长衰弱、抗病力低也易发生该病。此外密度大发病重。在夏季干燥的情况下，病菌以子囊壳在病残体上越夏，秋季子囊壳得到充分湿度后，放射出子囊孢子侵染秋苗；在夏季潮湿条件下，病菌以子囊孢子或分生孢子侵染自生麦苗越夏，秋季产生孢子侵染秋苗。病菌越冬的方式有两种：一种是以分生孢子形态越冬，一种是以菌丝体潜伏在寄主组织内越冬。翌年春季，白粉菌再产生分生孢子扩展蔓延。

（四）防治方法

（1）选用抗（耐）病丰产良种。

（2）加强栽培管理，提高植株抗病力。适当晚播，及时灌水和排水。小麦发生白粉病后，适当增加灌水次数，可以减轻损失。合理、均匀施肥，避免过多使用氮肥。

（3）药剂防治。播种时可用 15% 的粉锈宁可湿性粉剂拌种，用量为种子重量的 0.1%～0.3%。还可兼治锈病、腥黑穗病、散黑穗病、全蚀病等；当小麦白粉病病情指数达到 1 或病叶率达 10% 以上时，开始喷洒 20% 三唑酮乳油 1 000 倍液或 40% 福星乳油 8 000 倍液。

五、小麦锈病

小麦锈病分叶锈病、条锈病和秆锈病 3 种，是我国小麦生产上发生面积广，为害最重的一类病害。叶锈病主要为害小麦。条锈病一般只侵染小麦。秆锈病小麦变种除侵染小麦外，还侵染大麦和一些禾本科杂草。

（一）症状

1. 小麦叶锈病

发病初期出现褪绿斑，以后出现红褐色粉疱（夏孢子堆）。夏孢子堆较小，橙褐色，在叶片上不规则散生。后期在叶背面和茎秆上长出黑色阔椭圆形至长椭圆形、埋于表皮下的冬孢子堆，其有依麦秆纵向排列的趋向。

2. 小麦条锈病

发病部位主要是叶片，叶鞘、茎秆和穗部也可发病。初期在病部出现褪绿斑点，以后形成鲜黄色的粉疱，即夏孢子堆。夏孢子堆较小，长椭圆形，与叶脉平行排列成条状。后期长出黑色、狭长形、埋伏于表皮下的条状疱斑，即冬孢子堆。

3. 小麦秆锈病

为害部位以茎秆和叶鞘为主，也为害叶片和穗部。夏孢子堆较大，长椭圆形至狭长形，红褐色，不规则散生，常全成大斑，孢子堆周围表皮撒裂翻起，夏孢子可穿透叶片。后期病部长出黑色椭圆形至狭长形、散生、突破表皮、呈粉疱状的冬孢子堆。

三种锈病症状可根据其夏孢子堆和各孢子堆的形状、大小、颜色着生部位和排列来区分。群众形象的区分 3 种锈病说："条锈成行，叶锈乱，秆锈成个大红斑"。

（二）病原菌

叶锈病病原菌为小麦隐匿锈菌，属担子菌亚门门柄锈菌属。病菌的夏孢子单胞，圆形或近圆形，黄褐色，有 6 ~ 8 个散生的发芽孔，表面有微刺。冬孢子椭圆至棍棒形，双孢，上宽下窄，顶端通常平截或倾斜，暗褐色。

条锈病病菌为条形柄锈菌属担子菌亚门柄锈菌属。夏孢子球形或卵圆形，淡黄色，表面有微刺，芽孔排列不规则。冬孢子梭形或棒形，双孢，横隔处有缢缩，顶端平截或略圆，褐色，下端色浅，具短柄。

小麦秆锈病病原菌为禾柄锈菌小麦专化型属担子菌亚门柄锈菌属。秆锈病菌夏孢子卵圆形或长椭圆形，红褐色，单孢，中腰部有 4 个芽孔，孢壁上有明显的刺状突起。冬孢子椭圆形或棍棒形，褐色，双孢，上宽下窄，横隔处稍缢缩，表面光滑，顶端圆或圆锥形，柄较长，上端黄褐色，下端近无色。

（三）发病规律

叶锈病菌对环境的适应性较强，夏孢子萌发和侵入的最适温度为 15~20℃，潜育适温为 18~22℃，适温下潜育期为 5~7 天。叶锈菌对湿度的要求不很严格，夏孢子在相对湿度 95% 时即可萌发。

条锈病菌耐寒力强，其发育与侵入所要求的温度均较低。菌丝生长和夏孢子形成的最适温度为 10~15℃，萌发最适温度为 10~12℃，最低 0℃，最高 32℃；病菌对高温的抵抗能力很弱，夏孢子在 36℃下经 2 天即失去活力，且在高温条件下，空气湿度越大，死亡越快。此外，高温下形成的夏孢子萌发率低，如 25℃ 以上形成的夏孢子，在蒸馏水中需 6~8 小时才萌发，且萌发率不超过 30%，而在 20℃ 以下形成的夏孢子，4 小时后即可萌发，萌发率高达 80% 以上。

菌丝体发育和夏孢子形成的最适温度为 20~25℃，夏孢子萌发和侵入的适宜温度为 18~22℃。自然条件下，侵入的最低温度为旬均温 10℃。夏孢子不耐低温，在东北和内蒙古等冬季寒冷的地区不能越冬。病害潜育期的长短与温度有关。

叶锈病菌越夏和越冬的地区较广，我国大部分麦区小麦收获后，病菌转移到自生麦苗上越夏，冬麦秋播出土后，病菌从自生麦苗转移到秋苗为害、越冬。晚播小麦的秋苗上，病菌侵入较迟，以菌丝体潜伏在叶组织内越冬。冬季寒冷地区，秋苗易被冻死，病菌的越冬率很低；冬季较温暖地区，病菌越冬率较高。同一地区病菌越冬率的高低，与翌春病害流行程度呈正相关。小麦返青后，旬平均温度稳定在 10℃ 以后，病菌侵入新生叶片。叶锈病菌从气孔侵入，病菌侵入后，形成夏孢子堆和夏孢子，进行再侵染。

条锈病菌为活体营养生物，病菌冬孢子在病害循环中不起作用，而是依靠夏孢子完成病害循环，但夏孢子又不能脱离寄主而长期存活，因此，病菌在病害循环的各个阶段均离不开其寄主，必须依赖于其寄主的存在才能完成病害循环。

小麦秆锈病菌夏孢子不耐寒冷，在北部麦区不能安全越冬。秆锈病菌的越冬区域比较小，主要在福建、广东等东南沿海地区和云南南部地区。春、夏季的病害流行几乎全部是由南方早发地区的外来菌源所引起，所以一旦发病便是大面积普发，没有发病中心。

（四）防治方法

（1）选用抗（耐）锈病丰产良种。

（2）加强栽培管理，提高植株抗病力。

（3）调节播种期。适当晚播，不宜过早播种。及时灌水和排水。小麦发生锈病后，适当增加灌水次数，可以减轻损失。合理、均匀施肥，避免过多使用氮肥。

（4）药剂防治。播种时可用15%的粉锈宁可湿性粉剂拌种，用量为种子重量的0.1%～0.3%。还可兼治白粉病、腥黑穗病、散黑穗病、全蚀病等，于发病初期喷洒20%三唑酮乳油1 000倍液或15%烯唑醇可湿性粉剂1 000倍液，可兼治条锈病、秆锈病和白粉病，隔10～20天1次，防治1～2次。

六、小麦根腐病

小麦根腐病又叫黑胚病、青死病等。分布在全国各地，东北、西北春麦区发生重，黄淮海冬麦区也很普遍。

（一）症状

全生育期均可引起发病，苗期引起根腐，成株期引起叶斑、穗腐或黑胚。成为我国麦田常发病害，发病率20%～60%，减产 10%～50% 或更多。苗期染病种子带菌严重的不能发芽，轻者能发芽，但幼芽脱离种皮后即死在土中；有的虽能发芽出苗，但生长细弱。幼苗染病后在芽鞘上产生黄褐色至褐黑色棱形斑，边缘清晰，中间稍褪色，扩展后引起种根基部、根间、分蘖节和茎基部褐变，病组织逐渐坏死，上生黑色霉状物，最后根系朽腐，麦苗平铺在地上，下部叶片变黄，逐渐黄枯而亡。成株期染病叶片上出现棱形小褐斑，后扩展为长椭圆形或不规则形浅褐色斑，病斑两面均生灰黑色霉，病斑融合成大斑后枯死，严重的整叶枯死。叶鞘染病产生边缘不明显的云状斑块，与其连接叶片黄枯而死。小穗发病出现褐斑和白穗。

（二）病原菌

为禾旋孢腔菌，属子囊菌，格孢腔菌目。

（三）发病规律

温度由 10℃升到 20℃，该病分生孢子快，萌发率高，高于22℃萌发率明显下降，35℃停止萌发。菌丝生长温限 4～37℃，菌丝生长 pH 值范围为 2.7～10.3，产孢温限 11～5℃，适温为20～24℃。生产上土壤温度低或土壤湿度过低或过高易发病，土质瘠薄或肥水不足抗病力下降及播种过早或过深发病重。以菌丝体和厚垣孢子在小麦、大麦、黑麦、燕麦、多种禾本科杂草的病残体和土壤中越冬，成为翌年小麦根腐病的初侵染源。该菌在土壤中存活 2 年。生产上播种带菌种子也可引致整期发病。幼苗受害程度随种子带菌量增加而加重，初侵染源多则发病重；在种子带菌为主的条件下，种子被害程度较其带菌率对发病影响更大。

（四）防治方法

（1）因地制宜选用适合当地栽培的抗根腐病的品种。

（2）提倡施用酵素菌沤制的堆肥或腐熟的有机肥。麦收后及时耕翻灭茬，使病残组织当年腐烂，以减少下年初侵染源。

（3）采用小麦与豆科、马铃薯、油菜等轮作方式进行换茬，适时早播，浅播，土壤过湿的要散墒后播种，土壤过干则应采取镇压保墒等农业措施减轻受害。

（4）福合剂、58%倍得可湿性粉剂、70%代森锰锌可湿性粉剂、50%福美双可湿性粉剂、20%三唑酮乳油、80%喷克可湿性粉剂，按种子重量的0.2%~0.3%拌种，防效可达60%以上。

（5）成株开花期喷洒25%敌力脱乳油4 000倍液或50%福美双可湿性粉剂，每亩用药100克，对水75千克喷洒。

（6）小麦起身期在施用一定的有机肥基础上，结合喷施植物动力2003 10毫升对清水10千克喷雾；促进根系发育，增产效果显著。也可在小麦孕穗至灌浆期喷洒万家宝500~600倍液，隔15天1次。

七、小麦赤霉病

小麦赤霉病别名麦穗枯、烂麦头、红麦头，是小麦的主要病害之一。小麦赤霉病在全世界普遍发生，但以中国长江中、下游冬麦区流行频率高、损失大。近年来，在华北麦区有明显发展趋势。潮湿和半潮湿区域受害严重。从幼苗到抽穗都可受害，主要引起苗枯、茎基腐、秆腐和穗腐，其中，为害最严重的是穗腐。大流行年份病穗率达50%~100%，减产10%~40%。

（一）症状

自幼苗至抽穗期均可发生，引起苗枯、茎腐和穗腐等。

1. 穗腐

初在小穗颖片上出现水浸状病斑，逐渐扩大至整个小穗和穗子，严重时整个小穗或穗子后期全部枯死，呈灰褐色。田间潮湿时，病部产生粉红色胶质霉层，后期穗部出现黑色小颗粒，即子囊壳。

2. 苗枯

在幼苗的芽鞘和根鞘上呈黄褐色水浸状腐烂，严重时全苗枯死，病残苗上有粉红色菌丝体。

3. 茎腐

发病初期，茎基部呈褐色，后变软腐烂，植株枯萎，在病部产生粉红色霉层。

（二）病原菌

为禾本科镰孢菌，有性阶段为玉米赤霉菌。

（三）发病规律

春季气温7℃以上，土壤含水量大于50%形成子囊壳，气温高于12℃形成子囊孢子。在降雨或空气潮湿的情况下，子囊孢子成熟并散落在花药上，经花丝侵染小穗发病。迟熟、颖壳较厚、不耐肥品种发病较重；田间病残体菌量大发病重；地势低洼、排水不良、黏重土壤，偏施氮肥、密度大，田间郁闭发病重。中国中南部稻麦两作区，病菌除在病残体上越夏外，还在水稻、玉米、棉花等多种作物病残体中营腐生生活越冬。翌年在这些病残体上形成的子囊壳是主要侵染源。子囊孢子成熟正值小麦扬花期。借气流、风雨传播，溅落在花器凋萎的花药上萌发，先营腐生生活，然后侵染小穗，几天后产生大量粉红色霉层（病菌分生孢子）。在开花至盛花期侵染率最高。穗腐形成的分生孢子对本田再侵染作用不大，但对邻近晚麦侵染作用较大。该菌还能以菌丝体在病种子内越夏越冬。在中国北部、东北部麦区，病菌能在麦株残体、带病种子和其他植物如稗草、玉米、大豆、红蓼等残体上以菌丝体或子囊壳越冬。在北方冬麦区则以菌丝体在小麦、玉米穗轴上越夏越冬，翌年条件适宜时产生子囊壳放射出子囊孢子进行侵染。赤霉病主要通过风雨传播，雨水作用较大。

（四）防治方法

（1）选用抗病种。

（2）深耕灭茬，清洁田园，消灭菌源。

（3）开沟排水，降低田间湿度。

（4）小麦抽穗至盛花期，每亩用40%多菌灵胶悬剂100克或70%甲基托布津可湿粉剂75～100克，对水60千克喷雾，如扬花期连续下雨，第一次用药 7 天后再用药 1 次。

八、小麦散黑穗病

小麦散黑穗病俗称黑疸、乌麦、灰包。吉林省麦区都有发生。只侵害小麦。

（一）症状

该病主要发生于穗部，偶尔也发生在茎、叶上。病穗比健穗抽出稍晚，被侵害的子房和颖片发育成冬孢子堆，初期有一层灰色薄膜包被，不久即破裂解体，散出黑色粉末，即冬孢子。冬孢子很容易被风雨打散，后期的病穗仅残留曲折的穗轴而毫无收获。新被侵染的麦穗，虽然有病菌菌丝潜伏在种子胚内，但并不表现任何症状。

（二）病原菌

为裸黑粉菌，属担子菌亚门真菌。厚垣孢子球形，褐色，一边色稍浅，表面布满细刺，直径 5 ~ 9 微米。厚垣孢子萌发温限 5 ~ 35℃，以 20 ~ 25℃ 最适。萌发时先生菌丝，不产生担孢子。侵害小麦，引致散黑穗病，该菌有寄主专化现象，小麦上的病菌不能侵染大麦，但大麦上的病菌能侵染小麦。厚垣孢子萌发，只产生四个细胞的担子，不产生担孢子。仅双核菌丝具有侵染能力，可存活 5 年。病菌有 14 个生理小种。

（三）发病规律

寄主扬花期温暖、高湿、多露或常下雨，则种子带菌率高，来年发病就重。种植感病品种是造成散黑穗病严重为害的主要原因。散黑穗病是花器侵染病害，一年只侵染一次。带菌种子是病害传播的唯一途径。病菌以菌丝潜伏在种子胚内，外表不显症。当带菌种子萌发时，潜伏的菌丝也开始萌发，随小麦生长发育经生长点向上发展，侵入穗原基。孕穗时，菌丝体迅速发展，使麦穗变为黑粉。厚垣孢子随风落在扬花期的健穗上，落在湿润的柱头上萌发产生先菌丝，先菌丝产生 4 个细胞分别生出丝状结合管，异性结合后形成双核侵染丝侵入子房，在珠被未硬化前进入胚珠，潜伏其中，种子成熟时，菌丝胞膜略加厚，在其中休眠，当年不表现症状，次年发病，并侵入第二年的种子潜伏，完成侵染循环。小麦扬花期的冬孢子由气流传播至健穗上，侵入小麦花器内部，并蔓延至胚的生长点，潜伏其中。种子萌发，胚内的潜伏休眠菌丝也开始萌动，菌丝体迅速发展，破坏花器，形成冬孢子。带菌种子是唯一的传病方式。

（四）防治方法

（1）选用抗病品种。

（2）药剂处理种子。可用 15% 粉锈宁（三唑酮）可湿性粉剂或 50% 萎锈灵可湿性粉剂和 40% 拌种双可湿性粉剂加适量水拌种。用药量为种子重量的 0.2%。

（3）换种无病种子或选留无病种子，一般要求留种田及其周围 80 米内无病株。

九、小麦丛矮病

小麦丛矮病在我国分布较广，许多省市均有发病。20 世纪 60 年代在西北及山东即形成为害，有的省低发病的年份在 5% 左右，大发生年达 50% 以上，个别田块颗粒无收。暴发成灾时有的县城可绝收和毁种的达千亩。小麦丛矮病主要为害小麦，由北方禾谷花叶病毒引起。小麦、大麦等是病毒主要越冬寄主。

（一）症状

染病植株上部叶片有黄绿相间条纹，分蘖增多，植株矮缩，呈丛矮状。冬小麦播后 20 天即可显症，最初症状心叶有黄白色相间断续的虚线条，后发展为不均匀黄绿条纹，分蘖明显增多。冬前染病株大部分不能越冬而死亡，轻病株返青后分蘖继续增多，生长细弱，叶部仍有黄绿相间条纹，病株矮化。一般不能拔节和抽穗。冬前未显症和早春感病的植株在返青期和拔节期陆续显症，心叶有条纹，与冬前显症病株比，叶色较浓绿，茎秆稍粗壮，拔节后染病植株只有上部叶片显条纹，能抽穗的籽粒秕瘦。

（二）病原体

为北方禾谷花叶病毒，属弹状病毒组。病毒粒体杆状，病毒质粒主要分布在细胞质内，常单个或多个，成层或簇状包在内质网膜内。在传毒介体灰飞虱唾液腺中病毒质粒只有核衣壳而无外膜。病毒汁液体外保毒期 2～3 天，稀释限点 10～100 倍。丛矮病潜育期因温度不同而异，一般 6～20 天。

（三）发病规律

小麦对丛矮病感病程度及损失的轻重，依感病生育期的不同而异。苗龄越小，越易感病。小麦出苗后至三叶期感病的植株，越冬前绝大多数死亡；分蘖期感病的病株，病情及损失均很严重，基本无收；返青期感病的损失达 46.6%；拔节期感病的虽受害较轻，损失也有 32.9%；孕穗期基本不发病。套作麦田有利灰飞虱迁飞繁殖，发病重；冬麦早播发病重；邻近草坡、杂草丛生麦田病重；夏秋多雨、冬暖春寒年份发病重。小麦丛矮病毒不经汁液、种子和土壤传播，主要由灰飞虱传播。灰飞虱吸食后，需经一段循回期才能传毒。日均温 26.7℃，平均 10～15 天，20℃时平均 15.5 天。一至二龄若虫易得毒，而成虫传毒能力最强。最短获毒期 12 小时，最短传毒时间 20 分钟。获毒率及传毒率随吸食时间延长而提高。一旦获毒可终生带毒，但不经卵传递。病毒随带毒若虫且在其体内越冬。冬麦区灰飞虱秋季从带病毒的越夏寄主上大量迁飞至麦田为害，造成早播秋苗发病。越冬带毒若虫在杂草根际或土缝中越冬，是翌年毒源，次年迁回麦苗为害。小麦成熟后，灰飞虱迁飞至自生麦苗、水稻等禾本科植物上越夏。

（四）防治方法

（1）清除杂草、消灭毒源。

（2）小麦平作，合理安排套作，避免与禾本科植物套作。

（3）精耕细作、消灭灰飞虱生存环境，压低毒源、虫源。适期连片播种，避免早播。麦田冬灌水保苗，减少灰飞虱越冬。

小麦返青期早施肥水提高成穗率。

（4）药剂防治。50%马拉硫磷乳油1 000～1 500倍液，也可用25%扑虱灵（噻嗪酮、优乐得）可湿性粉剂750～1 000倍液。小麦返青盛期也要及时防治灰飞虱，压低虫源。

十、麦蚜

麦蚜是小麦上的主要害虫之一，别名油虫、腻虫、蜜虫等，属同翅目，蚜科。对小麦进行刺吸为害，影响小麦光合作用及营养吸收、传导。小麦抽穗后集中在穗部为害，形成秕粒，使千粒重降低造成减产。全世界各麦区均有发生。主要为害麦类和其他禾本科作物与杂草，若虫、成虫常大量群集在叶片、茎秆、穗部吸取汁液，被害处初呈黄色小斑，后为条斑、枯萎、整株变枯至死。

（一）形态特征

无翅孤雌蚜体长卵形，长1.8～2.2毫米，活虫深绿色，披薄白粉，附肢黑色，复眼红褐色。腹部7节毛片黑色，第8节具背中横带，体表有网纹。触角、喙、足、腹管、尾片黑色。触角6节，长短于体长1/3。喙粗短，不达中足基节，端节为基宽1.7倍。腹管长圆筒形，端部收缩，腹管具覆瓦状纹。尾片圆锥状，具毛4～5根。有翅孤雌蚜长卵形，体长1.6～1.8毫米，头、胸黑色发亮，腹部黄红色至深绿色。触角6节比身体短。腹部2～4节各具1对大型缘斑，第6、7节上有背中横带，8节中带贯通全节，其他特征与无翅型相似。卵椭圆形。

（二）为害时期及为害症状

成、若蚜刺吸植物组织汁液，引致叶片变黄或发红，影响生长发育，严重时植株枯死。玉米蚜多群集在心叶，为害叶片时分泌蜜露，产生黑色霉状物。别于高粱蚜。在紧凑型玉米上主要为害雄花和上层1～5叶，下部叶受害轻，刺吸玉米的汁液，致叶片变黄枯死，常使叶面生霉变黑，影响光合作用，降低粒重，并传播病毒病造成减产。在长江流域年生 20 多代，冬季以成、若蚜在大麦心叶或以孤雌成、若蚜在禾本科植物上越冬。翌年 3、4 月开始活动为害，4、5 月麦子黄熟期产生大量有翅迁移蚜，迁往春玉米、高粱、水稻田繁殖为害。该蚜虫终生营孤雌生殖，虫口数量增加很快。华北 5～8 月为害严重。高温干旱年份发生多。天敌有异色瓢虫、七星瓢虫、龟纹瓢虫、食蚜蝇、草蛉和寄生蜂等。

（三）防治方法

（1）选择一些抗虫耐病的小麦品种，造成不良的食物条件。播种前用种衣剂加新高脂膜拌种，可驱避地下病虫，隔离病毒感染，不影响萌发吸胀功能，加强呼吸强度，提高种子发芽率。

（2）冬麦适当晚播，实行冬灌，早春耙磨镇压。作物生长期间，要根据作物需求施肥、给水，以促进植株健壮生长。雨后应及时排水，防止湿气滞留。在孕穗期要喷施壮穗灵，强化作物生理机能，提高授粉、灌浆质量，增加千粒重，提高产量。

（3）药剂防治。注意抓住防治适期和保护天敌的控制作用。麦二叉蚜要抓好秋苗期、返青和拔节期的防治；麦长管蚜以扬花末期防治最佳。小麦拔节后用药要打足水，每亩用水 2～3 壶才能打透。选择药剂有 40% 乐果乳油 2 000～3 000 倍液或 50% 辛硫磷乳油 2 000 倍液，对水喷雾；每亩用 50% 辟蚜雾可湿性粉剂 10 克，对水 50～60 千克喷雾；用 70% 吡虫啉水分散粒剂 2 克 1 壶水或 10% 吡虫啉 10 克一壶水加 2.5% 功夫 20～30 毫升喷雾防治。

十一、麦叶蜂

麦叶蜂是小麦拔节后常见的一种食叶性害虫，别名齐头虫、小黏虫、青布袋虫等。一般年份发生并不严重，个别年份局部地区也可猖獗为害，取食小麦叶片，尤其是旗叶，对产量影响较大。

（一）形态特征

小麦叶蜂：成虫雌体长 8～9.8 毫米，黑色而微有蓝光，前胸背板、中胸前盾板和翅基片锈红色，后胸背面两侧各有一白斑。雄体长 8~8.8 毫米，体色与雌同。卵近肾形，长约 1.8 毫米，淡黄色。幼虫体圆筒形，共五龄。上唇不对称，左边比右边稍大，胸、腹部各节均有绢纹，末龄幼虫体色灰绿，背面暗蓝，腹部 2~8 节各有腹足 1 对，第 10 节有臀足 1 对，最末一节背面有一对暗色斑。蛹体色从淡黄到棕黑。

黄麦叶蜂：成虫黄色。幼虫浅绿色。

大麦叶蜂：与小麦叶蜂成虫很相似，仅中胸前盾板为黑色，后缘赤褐色，盾板两叶全是赤褐色。麦叶蜂幼虫与黏虫常易混淆。主要区别是：麦叶蜂各体节都有皱纹，胸背向前拱，有腹足 7、8 对；黏虫各体节无皱纹，胸背不向前拱，有腹足 4 对。

（二）为害时期及为害症状

麦叶蜂以幼虫为害麦叶，从叶边缘向内咬成缺刻，重者可将叶尖全部吃光。

小麦叶蜂在中国华北一年发生一代，以蛹在土中越冬，3、4 月成虫羽化，在麦田内交尾，雌虫产卵在麦叶主脉附近组织内纵列成串。一至二龄幼虫日夜在麦株上，三龄后白天隐藏在麦株中、下部或土缝中，黄昏爬到麦株上为害。幼虫从叶边向内咬成缺刻，严重时可把全叶吃光。有假死习性。老熟后，潜入土中，在土茧内休眠，至 10 月中旬化蛹越冬。大麦叶蜂和黄麦叶蜂的生活习性与小麦叶蜂大致相同。小麦叶蜂的发生为害与气候因素密切相关。冬季酷寒、土壤干旱、成虫羽化期连降大雨，都能抑制其发生为害。生长旺盛、通风透光不良的麦田，一般较其他地块发生严重。

（三）防治方法

1. 农业防治

在种麦前深耕时，可把土中休眠的幼虫翻出，使其不能正常化蛹，以致死亡，有条件的地区实行水旱轮作，进行稻麦倒茬，可消灭为害。

2. 药剂防治

每亩用 2.5% 天达高效氯氟氰菊酯乳油每亩 20 毫升加水 30 千克做地上部均匀喷雾，或用 2% 天达阿维菌素 3 000 倍液，早、晚进行喷洒。

3. 人工捕打

利用麦叶蜂幼虫的假死习性，傍晚时进行捕打。

十二、麦蜘蛛

小麦红蜘蛛是一种对农作物为害性很大的害虫，又名麦蜘蛛、火龙、红旱、麦虱子等，麦圆蜘蛛又名麦叶爪螨，麦长腿蜘蛛又名麦岩螨。小麦、大麦、豌豆、苜蓿、等作物一旦被害，常导致植株矮小，发育不良，重者干枯死亡。常分布于山东、山西、江苏、安徽、河南、四川、陕西等地。

（一）形态特征

1. 麦圆蜘蛛

（1）成虫。雌成虫体卵圆形，体长 0.6～0.98 毫米，体宽 0.43～0.65 毫米，体黑褐色，体背有横刻纹 8 条，在体背后部有隆起的肛门。足 4 对，第 1 对足最长。

（2）卵。麦粒状，长约 0.2 毫米，宽约 0.1～0.14 毫米，初产暗红色，以后渐变淡红色，上有五角形网纹。

（3）幼虫和若虫。初孵幼虫足 3 对，等长，身体、口器及足均为红褐色，取食后渐变暗绿色。幼虫蜕皮后即进入若虫期，足 4 对，体形与成虫大体相似。

2. 麦长腿蜘蛛

（1）成虫。雌成虫形似葫芦状，黑褐色，体长 0.6 毫米，宽约 0.45 毫米。体背有不太明显的指纹状斑。背刚毛短，共 13 对，纺锤形，足 4 对，红或橙黄色，均细长。第 1 对足特别发达，中垫爪状，具 2 列黏毛。

（2）卵。越夏卵呈圆柱形，橙红色，直径 0.18 毫米，卵壳表面被有白色蜡质，卵的顶部覆盖白色蜡质物，形似草帽状。卵顶有放射形条纹。非越夏卵呈球形，红色，直径约 0.15 毫米。初孵时为鲜红色，取食后变为黑褐色，若虫期足 4 对，体较长。

（3）成虫、若虫都可为害，被害麦叶出现黄白小点，植株矮小，发育不良，重者干枯死亡。

（二）为害时期及为害症状

以成、若虫吸食麦叶汁液，受害叶上出现细小白点，后麦叶变黄，麦株生育不良，植株矮小，严重的全株干枯。麦长腿蜘蛛一年发生三至四代，以成虫和卵越冬，第二年 3 月越冬成虫开始活动，卵也陆续孵化，4～5 月进入繁殖及为害盛期。5 月中下旬成虫大量产卵越夏。10 月上中旬越夏卵陆续孵化为害麦苗，完成一世代需 24～26 天；麦圆蜘蛛一年发生二至三代，以成、若虫和卵在麦株及杂草上越冬。3 月中下旬至 4 月上旬虫量大，为害重，4 月下旬虫口消退，越夏卵 10 月开始孵化为害秋苗。每雌虫平均产卵 20 余粒，完成一代需 46～80 天，两种麦蜘蛛均以孤雌生殖为主。麦长腿蜘蛛喜干旱，生存适温为 15～20℃，最适相对湿度在 50% 以下。麦圆蜘蛛多在 8 时、9 时以前和 16 时、17 时以后活动。不耐干旱，生活适温 8～15℃，适宜湿度在 80% 以上。遇大风多隐藏在麦丛下部。

（三）防治方法

（1）因地制宜进行轮作倒茬，麦收后及时浅耕灭茬；冬春进行灌溉，可破坏其适生环境，减轻为害。

（2）播种前用 75% 3911 乳剂 0.5 千克，对水 15～25 千克，拌麦种 150～250 千克，拌后堆闷 12 小时后播种。

（3）必要时用 2% 混灭威粉剂或 1.5% 乐果粉剂，每亩用 1.5～2.5 千克喷粉，也可掺入 30～40 千克细土撒毒土。

（4）虫口数量大时喷洒 40% 氧化乐果乳油或 40% 乐果乳油 1 500 倍液，每亩喷对好的药液 75 千克。

十三、麦秆蝇

麦秆蝇别名麦钻心虫，在我国 15 个省、市、自治区已有记载，在内蒙古、华北及西北春麦区分布尤为广泛，在冬麦区分布也较普遍，并在局部地区为害严重。麦秆蝇主要为害小麦，也为害大麦和黑麦以及一些禾本科和莎草科的杂草。

（一）形态特征

体长雄 3.0～3.5 毫米，雌 3.7～4.5 毫米。体黄绿色。复眼黑色，有青绿色光泽。单眼区褐斑较大，边缘越出单眼之外。下颚须基部黄绿色，腹部 2/3 部分膨大成棍棒状，黑色。翅透明，有光泽，翅脉黄色。胸部背面有 3 条黑色或深褐色纵纹，中央的纵线前宽后窄直达梭状部的末端，其末端的宽度大于前端宽度的 1/2，两侧纵线各在后端分叉为二。越冬代成虫胸背纵线为深褐至黑色，其他世代成虫则为土黄至黄棕色。腹部背面亦有纵线，其色泽在越冬代成虫与胸背纵线同，其他世代成虫腹背纵线仅中央 1 条明显。足黄绿色，附节暗色。后足腿节显著膨大，内侧有黑色刺列，腔节显著弯曲。触角黄色，小腮须黑色，基部黄色。足黄绿色。后足腿节膨大。长椭圆形，两端瘦削，长 1 毫米左右。卵壳白色，表面有 10 余条纵纹，光泽不显著。末龄幼虫体长 6.0～6.5 毫米。体蛆形，细长，呈黄绿或淡黄绿色。口钩黑色。前气门分枝，气门小孔数为 6～9 个，多数为 7 个。围蛹。体长雄 4.3～4.8 毫米，雌 5.0～5.3 毫米。体色初期较淡，后期黄绿色，通过蛹壳可见复眼、胸部及腹部纵线和下颚须端部的黑色部分。

（二）为害时期及为害症状

以幼虫钻入小麦等寄主茎内蛀食为害，初孵幼虫从叶鞘或茎节间钻入麦茎，或在幼嫩心叶及穗节基部 1/5～1/4 处呈螺旋状向下蛀食，形成枯心、白穗、烂穗，不能结实。由于幼虫蛀茎时被害茎的生育期不同，可造成下列 4 种被害状：①分蘖拔节期受害，形成站心苗。如主茎被害，则促使无效分蘖增多而丛生，群众常称之为"下退"或"坐罢"；②孕穗期受害，因嫩穗组织破坏并有寄生菌寄生而腐烂，造成烂穗；③孕穗末期受害，形成坏穗;④抽穗初期受害,形成白穗,其中,除坏穗外,在其他被害情况下被害穗完全无收。麦秆蝇一年发生世代,因地而异,春麦区一年二代,以幼虫在杂草寄主及土缝中越冬。东北南部越冬代成虫 6 月初出现,随之产卵至 6 月中下旬,幼虫蛀入麦茎为害约 20 天左右,7 月上中旬化蛹。第二代幼虫转移至杂草寄主为害后越冬。冬麦区一年三至四代,以幼虫越冬。一至二代幼虫为害小麦,三代转移到自生麦苗上为害,第四代又转移至秋苗为害,以4、5 月间为害最重。

(三) 防治方法

(1) 因地制宜选用适合当地的耐虫或早熟品种。

(2) 加强栽培管理,做到适期早播、合理密植。加强水肥管理,促进小麦生长整齐。加快小麦前期生长发育是控制该虫的根本措施。

(3) 加强麦秆蝇预测预报,冬麦区在 3 月中下旬,春麦区在 5 月中旬开始查虫,每隔 2 ~ 3 天于 10 时前后在麦苗顶端扫网 200 次,当 200 网有虫 2 ~ 3 头时,约在 15 天后即为越冬代成虫羽化盛期,是第一次药剂防治适期。冬麦区平均百网有虫 25 头,即需防治。

(4) 当麦秆蝇成虫已达防治指标,应马上喷撒 2.5% 敌百虫粉或 1.5% 乐果粉或 1% 1605 粉剂,每亩 1.5 千克。

(5) 如麦秆蝇已大量产卵,及时喷洒 36% 克螨蝇乳油 1 000 ~ 1 500 倍液或 80% 敌敌畏乳油与 40% 乐果乳油 1:1 混合后对水 1 000 倍液或 25% 速灭威可湿性粉剂 600 倍液,每亩喷对好的药液 50 ~ 75 升,把卵控制在孵化之前。

第四章　大豆主要病虫害防治技术

一、大豆花叶病毒病

大豆花叶病毒病是吉林省大豆生产田普遍发生、为害严重的重要病害。该病一旦大面积发生为害，可造成严重减产。由于产生大量褐斑粒，降低了品质，出口受到限制。

（一）症状识别

症状区别很大。发病轻者可以出现轻花叶、皱缩、沿叶脉生疱斑、卷叶黄色花叶、叶脉坏死。重者植株矮小顶枯。病株豆粒常变为褐斑粒、瘪粒。

病原菌为大豆花叶病毒。

（二）发病因素

（1）种子带病率。种子带毒率越高，发病越重。

（2）介体蚜虫。大豆花叶病毒是以带毒种子在田间形成的病苗为主要初侵染源，由介体蚜虫传播引起多次再侵染。介体蚜虫发生越早、数量越大，迁移距离越远，着落在大豆植株上的次数越多，病毒病发生越重。

（3）温度。温度对发病影响最大。花叶病毒病的病毒适温是 $20 \sim 30{}^{\circ}\mathrm{C}$，超过 $30{}^{\circ}\mathrm{C}$ 病害隐症。

（4）湿度。一般高温、干旱、少雨，有利于蚜虫的发生、繁殖，尤其有利于有翅蚜虫的迁飞，传毒几率高，病害发生多而重。暴风雨可造成蚜虫大量死亡。

（三）防治方法

（1）播种无毒种子。建立无病毒留种田，播种和留种时剔除褐斑粒。

（2）选用优良品种。因地制宜选用抗病和耐病品种。

（3）治虫防病。防蚜虫可用40%乐果乳油，每公顷用1 100～1 500毫升，或用50%避蚜雾（抗蚜威）可湿性粉剂，每公顷150～225克对水喷雾。

二、大豆霜霉病

大豆霜霉病每年在吉林省各产区均有发生，以东部、东南部地区发生普遍。一般减产6%～15%，重病年可减产50%以上。叶部发病可造成叶片提早脱落，种子受害，导致千粒重下降，发芽率降低。

（一）症状识别

叶片上的病斑散生，圆形或不规则形的褪绿黄斑，后期变成黄褐色、不规则形或多角形枯斑。病斑背面布满灰白色霉层。病叶枯干后，可引起提早落叶。病原菌是由鞭毛菌亚门，霜霉目，霜霉科，霜霉属东北霜霉菌真菌引起。

侵染循环：病菌以卵孢子在种子表皮上和病残体中越冬。卵孢子随种子发芽，侵入大豆的胚轴进入生长点。出苗后在田间形成中心病株，中心病株上的病菌，借风雨传播，扩展蔓延全田。因此，该病为气流传播病害。

（二）发病因素

苗期发病与温、湿度关系密切。早春土壤温度低，有利于发病。成株期，大豆开花后，正值雨季，雨水过多，发病重。尤其是昼夜温差大、多雨、高温、有雾、有露水的天气条件下，有利于病害的发生和流行。大面积种植感病品种是病害流行的重要因素。

（三）防治方法

（1）选用抗病品种。由于品种抗病性差异明显，应选用高产、优质、抗病品种。

（2）种子处理。用25%甲霜灵（瑞毒霉）可湿性粉剂，每千克种子用 3 克药剂湿拌种或 35% 甲霜灵拌种剂，用药量为种子重的 0.2%。

（3）合理轮作。与其他作物轮作 2 年以上。

（4）消灭病株残体。耕翻将病残体埋入土壤深层内，消灭菌源。

（5）发病初期全田喷药，常用药剂有 25% 甲霜灵可湿性粉剂，每公顷 3 000 克对水喷雾；64% 杀菌矾可湿性药剂，每公顷 2 000 克对水喷雾。

三、大豆褐斑病

大豆褐斑病在大豆产区常年发生，并有逐年加重趋势。病重田，造成大幅度减产。

（一）症状识别

叶片上病斑呈多角形或不规则形，褐色或红褐色，后期变成黑褐色，发生重的叶片上多斑可汇合成褐色斑块，使整个叶片变黄枯，可造成早期落叶。田间表现为底部叶片先发病，逐渐向中、上部叶片扩展，造成全株叶片自下而上，层层变黄、脱落。

病原菌属半知菌亚门、球壳孢目、壳针孢属、大豆球壳孢菌。

（二）侵染循环

病菌在病叶等病残体上越冬。病菌可以从伤口、气孔及直接穿透寄主表皮侵入，引起初侵染，借风雨传播，进行扩大再侵染，高湿条件下病情发生重。

（三）防治方法

（1）选用抗病品种。积极选用发病轻的高产、优质品种。

（2）消灭菌源。收割后清埋田间病叶及其他病残体，并进行深翻，以减少菌源，如用于留作烧柴豆秸，应拉出田外，并应于雨季之前烧光。

（3）大面积轮作。与大豆、绿豆以外的作物进行 2 年以上轮作。

（4）加强栽培管理。避免低洼地栽培，及时排除田间积水，降湿、增温，提高大豆抗病性。

（5）化学防治。发病前期和中后期各进行一次药剂防治，防病增产效果好。选用药剂有 50% 多菌灵可湿性粉剂，每公顷用 1 500 克，对水喷雾；或用 70% 甲基托布津可湿性粉剂，每公顷用 1 500 克对水喷雾；药液对水量每公顷 100 ~ 300 升。

四、大豆细菌性斑点病

大豆细菌性斑点病在吉林省大豆田发生很普遍，尤其是在冷凉潮湿的气候条件下多而重，可造成叶片提早落叶而减产。

（一）症状识别

叶片初期呈褪绿小斑点，半透明水渍状，后转为黄色至淡褐色；扩大后呈多角形，红褐色至深褐色，病斑边缘有明显晕环，在病斑背面常有白色菌浓溢出；病斑常互相汇合形成大块斑，中心形成不规则坏死区，其中心常脱落或撕碎，造成早期落叶。

病原菌是丁香假单孢菌大豆变种的细菌。

（二）侵染循环

病菌在种子和病残体上越冬，不能在土壤中存活。越冬后的细菌侵染幼苗和叶片，发病后借风雨传播，从底部叶片向上部扩展。结荚后病菌侵入种荚，直接侵入种子。夏季和秋季气温低，多雨、多露、多雾天气发病重，暴风雨后由于伤口增多，有利于侵入，可加速和加重病情发展。

（三）防治方法

（1）选用抗病品种。在无病区和无病田选留无病种子用于播种。

（2）合理轮作。与大豆外的任何作物进行 2 年以上轮作。

（3）减少菌源。病田应进行秋翻，将病株残体深埋于土壤深层，以减少菌源。

（4）化学防治。30%琥胶肥酸铜悬浮剂 500 倍液喷雾。

（5）生物防治。1%武夷霉素水剂 100~150 倍液喷雾。

五、大豆根腐病

大豆根腐病是东北大豆产区主要根部病害。苗期发病影响幼苗生长甚至死苗，田间造成缺苗断垄，影响保苗数，造成减产。成株期由于根部受害，影响根瘤的生长与数量，造成地上部生长发育不良以致矮化，影响结荚数与粒重，导致产量下降。

（一）症状识别

主要受害部位为主根。病斑初为褐色至黑褐色的小斑点，以后迅速扩大呈梭形、长条形、不规则形大斑。逐渐整个主根变为红褐色、溃疡状、皮层腐烂，侧根和须根脱落，主根变成秃根。根部受害影响到地上部长势很弱，叶片黄而瘦小，植株矮化，分枝少，重者可死亡。轻者虽可继续生长，但叶片变黄，提早脱落，结荚少，粒小，产量低。发病时，病原菌为镰刀菌、丝核菌、腐霉菌多种真菌复合侵染。

（二）发病因素

（1）连作。病菌可以在土壤中长期存活，是典型的土传病害。大豆连作使土壤中病菌数量增多，发病重。连作年限越久，发病越重。

（2）土壤类型。质地疏松，通透性好的土壤，如沙壤土、轻壤土、黑土发病轻，黏重土和通透性差的白浆土发病重。

（3）土壤温湿度。大豆种子发芽与幼苗生长的适宜温度为 20~25℃，低于 9℃出苗就受到严重的影响。因此播种早，由于土壤温度低，发病重。土壤含水量大，特别是低洼湿地，大豆幼苗长势弱，抗病能力低，利于病菌繁殖和侵入。

（4）播种深度。播种过深，地温低，会延长萌芽出土时间，增加病菌侵染几率，使病情加重。

（5）施肥。氮肥用量大，使幼苗组织柔嫩，利于病菌侵入。

增施磷肥可减轻病情。

（6）害虫。害虫造成伤口有利于病菌侵入，虫害越重发病越重。

（7）化学除草。化学除草剂使用方法不当和剂量过大，造成幼苗药害，使幼苗生长受阻，会加重根腐病的发生。

（三）防治方法

（1）合理轮作。与禾本科作物3年以上轮作，严禁大豆重迎茬。

（2）垄作栽培。垄作有利于降湿、增温，减轻病情。

（3）适时晚播。晚播出苗快，发病轻，播深不能超过5厘米。

（4）排水。雨后及时排除田间积水，降低土壤湿度，减轻病情。及时进行中耕培土，促进地上茎基部侧生新根的形成。

（5）施肥。施足基肥、种肥，及时追肥，尤其是应用多元复合肥进行叶面施肥，弥补根部病害吸收肥水的不足。

（6）化学防治。应用含有多菌灵、福美双和杀虫剂的大豆种衣剂包衣，用种子重量的1.0%～1.5%药剂进行湿拌种，可以防治根腐病和潜根蝇。用50%多菌灵和50%福美双的多福混剂进行湿拌种，施药量为种子重量的0.4%。

（7）生物制剂拌种。每公顷用种量与大豆根瘤菌剂1 500毫升拌种或每100千克种子，用2%菌克毒克（宁南霉素）水剂1 000～1 500毫升拌种。

六、大豆菌核病

大豆菌核病又名叫白腐病、菌核茎腐病等，是大豆上的一种常见病害，分布较广。大豆菌核病主要侵染大豆植株地上部，苗期、成株均可发病，花期受害重，产生苗枯、叶腐、茎腐、荚腐等症。一般年份发病率5%～10%，流行年份可减产20%～30%。严重地块植株成片腐烂枯死。菌核病除为害大豆外，尚可侵染菜豆、蚕豆、马铃薯、茄子、辣椒、番茄、白菜、甘蓝、油菜、向日葵、胡萝卜、菠菜、莴苣等85种寄主植物。

（一）症状识别

苗期发病茎基部褐变，呈水渍状，迅速向上下蔓延扩大，病部长出棉絮状白色菌丝，后干缩呈黄褐色枯死，病茎表皮纵向撕裂呈麻丝状，剖开病茎呈黑色，鼠粪状菌核充满髓部。病原菌属子囊菌亚门，柔膜菌目，核盘菌科，核盘菌属。

（二）侵染循环

菌核散落于土壤里或混入种子里越冬。菌核通过产生子囊盘进行萌芽。土温5～15℃、土壤湿度大的条件下，维持在10～15天时，最有利于子囊盘的形成和发展。子囊盘弹射出子囊孢子，随风传到附近大豆茎秆、分枝和荚上，借气流传播蔓延。大豆开花期，是子囊孢子侵染大豆的主要时期。田间6月以后开始发病，8月份为发病盛期。菌核病发生流行的适温为15～30℃、相对湿度85%以上。田间大豆封垄10天后，大豆菌核病的子囊开始形成，田间温度条件下，子囊盘形成期可一直延续到大豆成熟期。核盘菌寄生范围广，除禾本科不受侵染外，已知可侵染41科383种植物。尤其是豆类、麻类、向日葵、胡萝卜、油菜等作物最易感染。被菌核侵染的大豆种子，是远距离传播的有效途径。

大豆抗菌核病的品种不多，大多是感病的。较抗病的大豆品种，一般茎秆强壮、分枝少，株形收敛，而且叶腋处病斑的扩展受到抵制。极早熟和晚熟的品种发病率相对较低。大豆的抗病能力还受到环境条件、栽培措施的影响，一般菌源数量大的连作地或缩小行距、栽植过密、通风透光不良的地块发病普遍重。

（三）防治方法

（1）控制菌源。菌核是病害的唯一初侵染来源，减少豆田中菌核数量是防治病害的关键。

（2）合理轮作。禾本科作物为菌核的非寄主作物，应与禾本科作物实行3年以上轮作。避免与大豆、油菜、向日葵等高感作物轮作、间作或邻作。

（3）种子精选。种子精选也是减轻病害的简单易行的措施，菌核大小、颜色、形状与豆粒区别很大，可以机械或人工筛选，淘汰混杂于种子中的菌核。

（4）选用抗病品种。对菌核病抗性较强的品种有垦丰4号、垦丰5号、合丰39、合丰40、农民34等。在轻病田，可选用株型紧凑、尖叶或叶片上举、通风透气性能好的耐病品种。尤其要避免使用感病品种，以免造成病害的流行。

（5）耕作栽培防治。发病田块收割后要及时深翻，将土表的菌核埋入20厘米以下的土层内，以减少初侵染来源。排除豆田积水，降低湿度，防止过多施用氮肥，可减少发病。

七、大豆胞囊线虫病

大豆胞囊线虫病是大豆种植期常见的线虫病害。气温、土壤等多种条件都可以导致这种病害的发生。这种病害可以导致大豆大面积减产，而且在中国各类大豆的种植区都有发生。

（一）症状识别

又称大豆根线虫病、萎黄线虫病。俗称"火龙秧子"。苗期染病病株子叶和真叶变黄、生育停滞枯萎。被害植株矮小、花芽簇生、节间短缩、开花期延迟，不能结荚或结荚少，叶片黄化。重病株花及嫩荚枯萎、整株叶由下向上枯黄似火烧状。根系染病，被寄生主根一侧鼓包或破裂，露出白色亮晶微如面粉粒的胞囊，被害根很少或不结瘤，由于胞囊撑破根皮，根液外渗，致次生土传根病加重或造成根腐。

（二）发病因素

成虫产卵适温23～28℃，最适湿度60%～80%。卵孵化温度16～36℃，以24℃孵化率最高。幼虫发育适温17～28℃，幼虫侵入温度14～36℃，以18～25℃最适，低于10℃停止活动。土壤内线虫量大，是发病和流行的主要因素。盐碱土、沙质土发病重。连作田发病重。大豆胞囊线虫存在生理分化现象，东北豆区以1号、3号为主，黄淮海豆区以4号、5号、7号为主，全国来看34号出现频率最高，分布最广。该线虫是一种定居型内寄生线虫，以二龄幼虫在土中活动，寻根尖侵入。该线虫寄生豆科、玄参科170余种植物，有的虽侵入，但不在根内发育。胞囊线虫以卵、胚胎卵和少量幼虫在胞囊内于土壤中越冬，有的粘附于种子或农具上越冬，成为翌年初侵染源，胞囊角质层厚，在土壤中可存活10年以上。胞囊线虫自身蠕动距离有限，主要通过农事耕作、田间水流或借风携带传播，也可混入未腐熟堆肥或种子携带远距离传播。虫卵越冬后，以二龄幼虫破壳进入土中，遇大豆幼苗根系侵入，寄生于根的皮层中，以口针吸食，虫体露于其外。雌雄交配后，雄虫死亡。雌虫体内形成卵粒，膨大变为胞囊。胞囊落入土中，卵孵化后可再侵染。二龄线虫只能侵害幼根。秋季温度下降，卵不再孵化，以卵在胞囊内越冬。

（三）防治方法

（1）选用抗病品种。如豫豆2号、8118、7803等，河南商丘选育的7606等品种

（2）病田种玉米或水稻后，胞囊量下降30%以上，是行之有效的农业防治措施，此外要避免连作、重茬，做到合理轮作。

（3）药剂防治提倡施用马拉硫磷水溶性颗粒剂，每亩300～400克有效成分，于播种时撒在沟内，也可用3%克线磷5千克拌土后穴施，效果明显。

八、大豆蚜

大豆蚜俗称腻虫、密虫，以成虫、若虫为害，多集于豆株顶梢、嫩叶等幼嫩部分，吸食汁液造成叶片卷曲，过早落叶，影响产量。

（一）害虫识别

有翅蚜体长1～1.5毫米，长椭圆形，体黄色或黄绿色，胸

部黑色，翅透明。无翅蚜体长 1~1.3 毫米，长椭圆形，体黄绿色，体末端两侧各有一根暗黄绿色的腹管。若虫腹部淡黄绿色，腹管短小，翅淡白色至淡黄色。

（二）为害症状

大豆蚜刺吸叶片汁液，使叶绿素消失，叶片形成蜡黄色的不定形黄斑，继而黄斑扩大变褐色。受害重的豆株，叶卷曲，根系发育不良、发黄、植株矮小，分枝及结荚数减少，百粒重降低。大豆蚜发生严重时可使整株死亡，造成严重的产量损失。

（三）发生规律

大豆蚜以卵在鼠李上越冬。来年春季，卵孵化成无翅雌蚜，在鼠李上繁殖两代以后产生有翅蚜。这时正值豆苗出土，就飞往豆苗上，集中在豆株的嫩尖上或嫩叶背面为害，随后在豆田繁殖、扩散和蔓延。如果 6 月下旬至 7 月上旬阶段的旬平均气温达 22℃，旬平均相对湿度在 78% 以下，就极有利于大豆蚜的繁殖，造成大豆开花期的严重为害。8 月上旬开始，由于气候和营养条件不适，再加上有益昆虫捕食蚜虫，大豆蚜就会自然减退，大豆恢复生长，这就不需要防治了，以免增加成本。

（四）防治方法

（1）选种抗虫品种。积极选用抗蚜品种，是最经济有效的方法。

（2）药剂防治。6 月中、下旬，当田间有蚜率达 50%、百株蚜量 1 000 头以上或卷叶株率达到 5% 时，就应立即进行防治。

化学药剂有 40% 乐果乳油每公顷 1 500 毫升对水喷雾；或 50% 避蚜雾可湿性粉剂，每公顷 125~225 克对水喷雾；或 2.5% 功夫乳油，每公顷 225~300 毫升对水喷雾；或 10% 吡虫啉可湿性粉剂 2 000~4 000 倍液喷雾。生物药剂有 2.5% 鱼藤酮乳油，每公顷 1 500 毫升对水喷雾；1.1% 烟百素乳油 1 000~1 500 倍液喷雾。

九、大豆食心虫

大豆食心虫是大豆上的重要害虫。以幼虫蛀入豆荚，咬食豆粒呈缺刻状，豆荚内充满虫粪，严重降低产量和质量。

（一）害虫识别

成虫体长 5～6 毫米，翅展 12～14 毫米，黄褐至暗褐色。前翅前缘有 10 条左右黑紫色短斜纹，外缘内侧中央银灰色，有 3 个纵列紫斑点。雄蛾前翅色较淡，有翅缰 1 根，腹部末端较钝。雌蛾前翅色较深，翅缰 3 根，腹部末端较尖。卵扁椭圆形，长约 0.5 毫米，橘黄色。幼虫体长 8～10 毫米，初孵时乳黄色，老熟时变为橙红色。蛹长约 6 毫米，红褐色。腹末有 8～10 根锯齿状尾刺。

（二）发生规律

食心虫 1 年发生一代，以老熟幼虫在壤中结茧越冬。在东北 7 月下旬至 8 月初，开始出现越冬代成虫，盛期在 8 月上中旬，8 月中旬为卵期，卵期 7 天左右，8 月中下旬为幼虫孵化期，幼虫在荚内为害期为 20～30 天，脱荚盛期在 9 月下旬。幼虫脱荚后入土结茧越冬。

成虫是在下午日落前 1 小时内飞翔活动最盛。田间出现"打团"飞行现象。接着在豆荚上交尾产卵。每头雌虫一生可产卵 80～200 粒，卵孵化出的幼虫在荚上爬行 2～8 小时就开始钻入荚内为害，老熟后从豆荚边缘咬一小孔钻出，坠落地面，寻找土缝爬入土中作茧越冬。

（三）防治方法

（1）选用抗虫和耐虫品种。选用豆荚无绒毛，组织致密的品种，抗虫性较强。

（2）远距离大区轮作。选择距离前在豆地 1 000 米以上地块轮作。

（3）及时整地。将脱荚入土的越冬幼虫埋入土壤深层，同时伴随机械损伤，增加越冬幼虫的死亡率，可以减轻来年为害。

（4）豆茬地和大豆地适时中耕培土。在 7 月下旬到 8 月上、中旬及时铲趟或浅层中耕培土，堵塞食心虫的羽化孔，使成虫不能出土，又能通过机械杀伤一批土表的蛹和幼虫。

（5）大豆适时早收。在 9 月下旬以前收割，收后及时脱粒，可通过机械作用消灭大批未脱荚幼虫，减少越冬虫量。

（6）化学防治。在成虫盛发期，喷施 2.5% 敌杀死乳油，每公顷 375～450 毫升对水喷雾；2.5% 功夫乳油，每公顷 300 毫升对水喷雾；10% 安绿宝或 10% 赛波凯乳油，每公顷 525～675 毫升对水喷雾。

敌敌畏熏蒸：若是小面积豆田，也可采用药棒熏成虫的方法。在成虫盛发期，用长 30 厘米的高粱或玉米秸，一端去皮，浸于 80% 敌敌畏乳油中约 3 分钟，使其吸饱药液，把另一端插入大豆田垄台上。每隔 5 垄插一行，棒距 4～5 米，每公顷均匀插上 450～500 根药棒。生物防治：利用白僵菌防治脱荚落地幼虫，也可利用释放赤眼蜂降低食心虫的孵化率。

注意：敌敌畏对高粱有药害，高粱间作或邻作大豆地不能使用，距高粱地 20 米以内的大豆田也不要使用

十、豆天蛾

豆天蛾主要分布于我国黄淮流域和长江流域及华南地区，主要寄主植物有大豆、绿豆、豇豆和刺槐等。

（一）害虫识别

成虫体长 40～45 毫米，翅展 100～120 毫米。体、翅黄褐色，头及胸部有较细的暗褐色背线，腹部背面各节后缘有棕黑色横纹。前翅狭长，前缘近中央有较大的半圆形褐绿色斑，中室横脉处有一个淡白色小点，内横线及中横线不明显，外横线呈褐绿色波纹。老熟幼虫体长约 90 毫米，黄绿色，体表密生黄色小突起。胸足橙褐色。腹部两侧各有 7 条向背后倾斜的黄白色条纹，臀背具尾角一个。蛹长约 50 毫米，宽 18 毫米，红褐色。头部口器明显突出，略呈钩状，喙与蛹体紧贴，末端露出。5～7 腹节

的气孔前方各有一气孔沟，当腹节活动时可因摩擦而微微发出声响；臀棘三角形，具许多粒状突起。

（二）发生规律

豆天蛾以幼虫取食大豆叶，低龄幼虫吃成网孔和缺刻，高龄幼虫食量增大，严重时，可将豆株吃成光秆，使之不能结荚。在第一代幼虫发生于5月下旬至7月上旬，第二代幼虫发生于7月下旬至9月上旬；全年以8月中下旬为害最烈，9月中旬后老熟幼虫入土越冬。成虫飞翔力很强，夜晚具趋光性，喜在空旷而生长茂密的豆田产卵，一般散产于第3、第4片豆叶背面，每叶1粒或多粒，每雌平均产卵350粒。卵期6~8天。幼虫共五龄。越冬后的老熟幼虫当表土温度达24℃左右时化蛹，蛹期10~15天。幼虫四龄前白天多藏于叶背，夜间取食（阴天则全日取食）；四至五龄幼虫白天多在豆秆枝茎上为害，并常转株为害。

（三）防治方法

（1）选种抗虫品种，在种植大豆时，选用成熟晚、秆硬、皮厚、抗涝性强的品种，可以减轻豆天蛾的为害。

（2）及时秋耕、冬灌，降低越冬基数。

（3）水旱轮作，尽量避免连作豆科植物，可以减轻为害。

（4）利用成虫较强的趋光性，设置黑光灯诱杀成虫，可以减少豆田的落卵量。

（5）用杀螟杆菌或青虫菌（每克含孢子量80亿~100亿个）稀释500~700倍液，每亩用菌液50千克。

（6）喷粉用2.5%敌百虫粉剂，每亩喷2~2.5千克。

（7）喷雾用90%晶体敌百虫800~1000倍液，或用45%马拉硫磷乳油1000倍液，或用50%辛硫磷乳油1500倍液，或用2.5溴氰菊酯乳剂5000倍液，每亩喷药液75千克。

第五章 田间草害防治技术

一、玉米田化学除草

（一）播前和播后苗前土壤封闭使用技术

（1）38%阿特拉津胶悬剂250毫升/亩加90%乙草胺（禾耐斯）乳油100毫升/亩，加水40～50千克进行土壤处理；

（2）40%乙草胺·莠去津胶悬剂每亩300～400克（或61%乙莠胶悬剂180～200毫升），加水40～50千克进行土壤处理；

（3）72%2,4-D丁酯乳油每亩50～70毫升或50%2,4-D丁酯·乙草胺乳油250～300毫升，加水40～50千克，在玉米播后苗前土壤封闭；

（4）72%异丙甲草胺（都尔）乳油每亩130毫升，加水40～50千克，在播前或播后苗前进行土壤处理；

（5）草净津（氰草津）每亩280～360克，加水40～50千克，在播后苗前进行土壤处理。

（二）苗后茎叶处理

（1）4%玉农乐（烟嘧磺隆）水剂每亩100毫升，于玉米2～10叶期，杂草2～4叶期进行茎叶处理。

（2）4%玉农乐50毫升/亩+38%阿特拉津100毫升/亩，在玉米2～6叶期，禾本科杂草3～5叶期进行茎叶处理。

注意：玉农乐对甜玉米和黏玉米敏感，不能使用

（三）苗后行间定向喷雾

玉米播前、播后苗前土壤处理和苗后茎叶处理效果不好，可在玉米6叶后至封行前，杂草10～15厘米高时用20%克无踪水剂每亩150毫升对水25～50千克，喷头带防护罩，采用低压力、

大雾滴对玉米行间进行定向喷雾。

注意：因该药为灭生性除草剂，严禁喷洒到玉米作物上

（四）地膜覆盖春玉米化学除草

对于高寒或干旱地区地膜覆盖的春玉米，因膜内温度高，湿度大，土壤墒情好，有利于除草剂药效的发挥，因此膜内的用药量一般采用较低的用量。通常用量为常规用量的50%~75%。

（1）50%乙草胺乳油亩用量为75~100毫升加水20~30千克进行喷雾土壤封闭。

（2）40%莠去津悬浮剂亩用量100~150毫升，对水25~30千克进行土壤封闭。

二、大豆田化学除草

吉林省属于北方春作大豆区，大豆田化学除草一般采用播前或播后苗前土壤处理以及苗后茎叶处理等方式。北方早春多风、干旱少雨，应尽量选用播前土壤处理；水分条件较好的地区，可多选用播后苗前土壤处理；应实行以苗前土壤处理为主，苗后茎叶处理为辅的除草策略。

以禾本科杂草为主的地块，在大豆播前可选用氟乐灵、仲丁灵（地乐胺）；播后苗前可用都尔、乙草胺、拉索；苗后可用拿捕净、精稳杀得、精禾草克、高效盖草能、禾草灵等。

以阔叶杂草为主的地块，在播前或播后苗前可用茅毒、赛克津，北方地区在播后苗前也可用2,4-D丁酯；苗后可选用苯达松、杂草焚、虎威、克阔乐、阔叶散、骠马等。

在禾本科杂草和阔叶杂草混生的地块，播前可用氟乐灵分别与茅毒、赛克津混用；播后苗前用异丙甲草胺（都尔）、乙草胺或拉索与茅毒、广灭灵、普施特、赛克津或2,4-D丁酯混用；苗后用苯达松、杂草焚或虎威等与精稳杀得、拿捕净、精禾草克、高效盖草能或禾草灵混用；也可播前用氟乐灵或地乐胺，播后苗前用都尔、乙草胺、拉索，苗后配合用苯达松、虎威等。还可在

大豆播后苗前用都尔、乙草胺或拉索与2,4-D 丁酯混用；播前用氟乐灵，播后苗前用2,4-D 丁酯。具体方法如下。

（一）播前或播后苗前土壤处理

（1）48%氟乐灵乳油每亩80～110 毫升对水25～50 千克喷雾，在大豆播前5～7 天（春播大豆还可在前一年秋天施药），施药后应浅混土两遍，混土深度为5～7 厘米，间隔5～7 天再播种，否则易产生药害，影响出苗。

（2）48%广灭灵乳油亩用量50～70 毫升，对水20～30 千克，播前施药。为了防止干旱和风蚀，施药后应浅混土，耙深5～7 厘米。

（3）50%乙草胺乳油亩用量130～200 毫升，对水20 千克在播后苗前进行均匀喷雾处理土壤。

（4）每亩施用48%广灭灵乳油67 克＋50%乙草胺乳油133 克（或50%广乙乳油每亩200～260 克），对水20 千克喷雾进行土壤封闭。

（5）20%豆磺隆可湿性粉剂亩用量10 克，加水20～30 千克喷雾，进行土壤封闭。

（6）每亩用48%广灭灵乳油40～50 毫升＋72%都尔乳油100～135 毫升＋75%实收1 克，于播前、播后苗前土壤处理，对大豆安全，对后茬也安全。

（7）每亩用90%禾耐斯100～150 毫升＋75%实收1 克＋48%广灭灵40～50 毫升播前、播后苗前进行土壤处理。

（8）每亩用50%乙草胺160～230 毫升＋75%宝收1 克＋70%赛克20～27 毫升进行土壤处理。

（二）大豆田茎叶处理

（1）20%拿捕净（稀禾定）乳油亩用量66～100 毫升，应用该药加170 毫升柴油，可减少用药量20%～30%，即使在干旱条件下也有稳定的除草效果，配成适当浓度喷施。

（2）精稳杀得、稳杀得在苗后（水分适宜），于1 年生禾本科杂草2～3叶期分别用15%精稳杀得乳油和35%稳杀得乳油33～50毫升。在杂草4～6叶期每亩用66～80毫升进行茎叶处理。

（3）精禾草克、禾草克（蜡禾灵）在1年生禾本科杂草3～5叶期，每亩用5%精禾草克乳油30～50毫升，10%禾草克乳油50～80毫升进行茎叶处理。

（4）12.5%盖草能（禅吡氟乙草灵）乳油，在1年生禾本科杂草3叶期前，每亩用50毫升进行茎叶处理。

（5）每亩用12.5%拿捕净乳剂80～100毫升＋24%克阔乐15～27毫升进行茎叶处理。

（6）每亩用6.9%威霸40～50毫升＋48%克阔乐20～30毫升进行茎叶处理。

（7）每亩用5%精禾草克33～40毫升＋48%广灭灵33～47毫升＋48%排草丹100毫升＋35%龙威40毫升进行茎叶处理。

（8）每亩用10.8%高效盖草能30～35毫升＋48%排草丹100毫升＋25%虎威40毫升进行茎叶处理；上述8种药剂配方均对水25～30千克喷雾处理。

三、稻田化学除草

稻田药剂除草是一项效果高、成本低，而且是防治及时有效的措施。但一定要注意使用方法、用量、防除对象、防除时期、苗情、土壤状况及气候变化等。切忌盲目乱施药，以免造成药害等不应该有的损失。

吉林省水田杂草有50余种，其中，分布较广为害较重的10科17种：稗草、匍茎剪股颖、扁秆藨蔗、三棱藨草、牛毛草、萤蔺、狼巴草、疣草、泽泻、野慈姑、眼子菜、鸭舌草、雨久花、陌上菜、浮萍、小茨藻、水锦属吉林省水田恶性杂草。

本田杂草种类多，但为害较大的稗草、莎草科杂草以及野慈姑、雨久花、眼子菜等主要杂草，一般说，稗草为害最普遍而且严重，它与水稻很难分清，不易人工剔除，常常作为"夹心稗"移入本田；另外，秧田为害较为普遍的是禾本科杂草，如稗草、狗尾草等，其次是阔叶杂草，如藜、苋等，不仅影响秧苗生长，而且影响起秧的质量和速度。

水稻本田杂草防治技术，根据田间杂草的发生特点，对水稻移栽本田杂草化学除草策略是狠抓前期，防治中、后期。通常是在移栽前或移栽的初期采取毒土处理。前期（移栽前至移栽后10天），以防治稗草及一年生阔叶杂草和莎草科杂草为主；中期（移栽后10~25天）则以防治扁秆藨草、眼子菜等多年生莎草科杂草和阔叶杂草为主。

（一）本田稗草的防除

根据本田稗草生物学特性及发生规律采取如下措施。

（1）插秧前。下列配方任选其一（每亩用量）。一是用50%排草净乳油75~150毫升+20千克细潮土拌匀撒施。或对水20千克，插前3天撒施，泼浇；二是用60%丁草胺50~100毫升+25%农思它乳油25~50毫升加20千克细潮土拌匀或对水20千克，插秧前2天撒施。

（2）插秧后。下列配方任选取其一（每亩用量）。一是用60%灭草特乳油50~100毫升+12%农思它乳油50~100毫升或25%农思它25~50毫升加20千克细潮土拌匀或20千克水，插后3~7天撒施或泼浇；二是用96%禾大壮乳油150~250毫升加20千克细潮土或20千克水，插后5~10天撒施或泼浇；三是用50%快杀稗可湿性粉剂40克，插后7~10天茎叶喷雾处理。

（二）牛毛毡的防治

牛毛毡在水稻生长后期为害水稻，牛毛毡个体虽小，但繁殖能力强，蔓延速度快，严重影响水稻生长。化学防除措施如下。

在水稻分蘖盛期，插秧后（15~20天）选用下列方法之一处理。

（1）每亩用48%苯达松水剂100~200毫升+20千克水喷洒。喷药前排干水层，喷药后1天复水。

（2）每亩用70%二甲四氯钠盐50～100克＋水20千克喷洒。喷药前排干水层，喷药后1天复水。

（3）每亩用70%二甲四氯钠盐50克＋48%苯达松水剂100毫升＋20千克水喷洒。排干水层后施药，用药后1天复水，此法比单用苯达公成本低，比单用二甲四氯安全。

（三）野慈姑的防除

野慈姑主要在水稻分蘖盛期（插秧后15天～20天）发生。可选下列药剂之一进行防治。

（1）每亩用欧特10～12克，对水20千克喷药，施药前排干水，施药后1天复水。

（2）每亩田46%莎阔丹水剂133～167毫升（有效成分61～77克），喷液量每亩15～40升，喷药前1天排干田水，施药后1天复水，保持水层5天。

（3）每亩用48%苯达松剂100～200毫升加20千克水，施药前1天排水，施药后1天复水。

（4）每亩用48%达松水剂70～100毫升或70%二甲四氯钠盐30～50克，对水20千克，施药前1天排干水，施药后1天复水。

（5）每亩用50%扑草净粉剂50～100克或25%西草净粉剂100～200克加水20千克，施前1天排干水，施药后1天复水。

（6）每亩用扑草净粉剂30～70克或25%西草净粉剂70～100克＋96%禾大壮乳油150克加水20千克，施药前1天排干水，施药后1天复水。

（7）每亩用78.4%禾田净乳油150～300毫克拌细沙撒施，无禾田净乳油可用96%禾大壮乳油50～80克，二甲四氯钠盐30～60克，25%西草净30～60克混合后加细潮土20千克拌匀撒施。

（四）防除扁秆薦草和薦草

根据扁秆薦草和薦草的发生特点分两种方法进行防除。

（1）插秧前防除。稻田春整地后每亩用50%莎扑隆可湿性粉剂200～300克或12%农思它乳油100毫升，毒土法施药，保持水层5天后插秧。

（2）插秧后防除。插秧后7～9天每亩用30%威农可湿性粉剂15克毒土法施药，药后保持水层5天；插秧后25天用30%威农可湿性粉剂15克毒土法二次施药。

水稻有效分蘖末期至穗分化期，38%欧特可湿性粉剂10～12克或46%莎阔丹水剂133～167毫升（有效成分61～77克），喷液量每亩15～40升。喷药前1天排干水，施药后24小时复水，保持水层5天。

（五）防除眼子菜

根据眼子菜发生的特点，采用的措施如下。

（1）水稻插秧前5天每亩50%排草净乳油100～125毫升或10%的农得时可湿性粉剂30～40克，对水以后用拔掉喷头的喷雾器均匀喷洒于稻田的水层中（水层3～5厘米），施药后保水5天。水稻插秧后每亩用50%排草净乳油75～100毫升或10%农得时可湿性粉剂30～40克用毒土法施用，保持水层5天。

（2）眼子菜在5叶期以前，叶片由红转绿时用25%西草净可湿性粉剂每亩用125克毒土法施药，保持水层3～5厘米，注意水层不宜过深。

常用除草剂复配组成及使用技术简表

配方	防除对象	施用方法	备注
60%丁草胺乳油100毫升加12%农思它乳油100毫升	稗草、一年生莎草科杂草、阔叶杂草	旱育苗水稻播种覆土后床面喷施。移栽田在移栽前2～3天，毒土、毒肥法施药	床面有明水时易产生药害，喷施必须均匀。本田施药需趁整地后水浑时施药

续表

配方	防除对象	施用方法	备注
25%除草醚可湿性粉剂500克加50%扑草净可湿性粉剂10克	稗草、一年生莎草科杂草、阔叶杂草	旱育苗水稻播种覆土后床面喷施	
60%马歇特乳油100毫升加30%扫茀特乳油60毫升	稗草、莎草科杂草、部分阔叶类杂草	旱育苗水稻播种覆土后床面喷施	
60%马歇特乳油60毫升加96%禾大壮乳油100毫升	一年生禾本科、莎草科和阔叶杂草	旱育苗水稻播种覆土后床面喷施	
50%二氯喹啉酸可湿性粉剂25克加20%敌稗乳油350毫升	稗草	水稻秧苗2叶后茎叶喷雾	水稻在2叶期之前易产生药害
20%敌稗乳油400毫升加96%禾大壮乳油100毫升	稗草	旱育秧苗，直播田及移栽田稗草2~3叶期喷雾	禾大壮可加速敌稗的渗透作用
96%禾大壮乳油150毫升加48%苯达松乳油150毫升	稗草、阔叶杂草、莎草科杂草	旱育秧田、移栽田稗草3叶期排水喷雾	对稗草、阔叶草和莎草科杂草效果好
10%农得时可湿性粉剂20克加96%禾大壮乳油100毫升	稗草、阔叶草、一年生莎草科杂草，对多年生莎草科杂草抑制作用强	直播田在水稻1.5叶期，移栽田在移栽5~10天，毒土、毒肥法施肥	稗草3叶期以后施药防效下降

农作物病虫草害防治技术

配方	防除对象	施用方法	备注
10%农得时可湿性粉剂20克加50%二氯喹啉酸可湿性粉剂25克	稗草、阔叶杂草、一年生莎草科杂草，对多年生莎草科杂草抑制作用强	水稻移栽后5~15天排水喷雾	稗草超过4叶期应当增加用药量
10%农得时可湿性粉剂30克加60%丁草胺乳油100毫升	稗草、阔叶草，一年生莎草科杂草，对多年生莎草科杂草抑制作用强	水稻移栽后5~10天，毒土法或毒肥法施药	稗草露出水面后防效下降
10%草克星可湿性粉剂15克加60%丁草胺乳油100毫升	稗草、阔叶草、一年生莎草科杂草、阔叶杂草，对多年生莎草科杂草抑制作用强	水稻移栽后5~10天，毒土法或毒肥法施药	稗草露出水面后防效下降
10%农得时可湿性粉剂15克加10%艾割乳油15毫升	稗草、阔叶草、一年生莎草科杂草，对多年生莎草科杂草抑制作用强	水稻移栽后5~10天，毒土法或毒肥法施药	施药时水稻必须充分缓苗
10%草克星可湿性粉剂15克加10%艾割乳油15毫升	稗草、阔叶草、一年生莎草科杂草，对多年生莎草科杂草抑制作用强	水稻移栽后5~10天，毒土法或毒肥法施药	施药时水稻必须充分缓苗
96%禾大壮乳油100毫升加10%草克星可湿性粉剂15克	稗草、阔叶草、一年生莎草科杂草，对多年生莎草科杂草抑制作用强	水稻移栽后5~10天，毒土法或毒肥法施药	稗草3叶期后施药防效下降

续表

配方	防除对象	施用方法	备注
96%禾大壮乳油 100 毫升加 10% 金秋可湿性粉剂 15 克	稗草、阔叶草、一年生莎草科杂草，对多年生莎草科杂草抑制作用强	水稻移栽后 5～10 天，毒土法或毒肥法施药	稗草 3 叶期后施药防效下降
96%禾大壮乳油 100 毫升加 15% 太阳星水分散颗粒剂 15 克	稗草、阔叶草、一年生莎草科杂草，对多年生莎草科杂草抑制作用强	水稻移栽后 5～15 天，毒土法或毒肥法施药	稗草 3 叶期后施药防效下降
60%丁草胺乳油 100 毫升加 10% 金秋可湿性粉剂 15 克	稗草、阔叶草、一年生莎草科杂草，对多年生莎草科杂草抑制作用强	水稻移栽后 5～10 天，毒土法或毒肥法施药	稗草露出水面后防效下降
60%丁草胺乳油 100 毫升加 20% 莎多伏水分散颗粒剂 10 克	稗草、阔叶草、一年生莎草科杂草，对多年生莎草科杂草抑制作用强	水稻移栽后 5～10 天，毒土法或毒肥法施药	施药时水稻必须充分缓苗
60%丁草胺乳油 100 毫升加 15% 太阳星水分散颗粒剂 15 克	稗草、阔叶草、一年生莎草科杂草，对多年生莎草科杂草抑制作用强	水稻移栽后 5～10 天，毒土法或毒肥法施药	稗草 3 叶期后施药防效下降
50%二氯喹啉酸可湿性粉剂 20 克加 48%苯达松水剂 200 毫升	稗草、阔叶草、莎草科杂草	水稻移栽后 5～10 天，排水喷雾	稗草超过二叶期，二氯喹啉酸适当加量

配方	防除对象	施用方法	备注
50% 二氯喹啉酸可湿性粉剂 20 克加 10% 草克星可湿性粉剂 15 克	稗草、阔叶草、一年生莎草科杂草，对多年生莎草科杂草抑制作用强	水稻移栽后 5~10 天，毒土法或毒肥法施药	稗草超过三叶期，二氯喹啉酸适当加量
50% 二氯喹啉酸可湿性粉剂 20 克加 10% 金秋可湿性粉剂 15 克	稗草、阔叶草、一年生莎草科杂草，对多年生莎草科杂草抑制作用强	水稻移栽后 5~10 天，毒土法或毒肥法施药	稗草超过三叶期，二氯喹啉酸适当加量
50% 二氯喹啉酸可湿性粉剂 20 克加 20% 莎多伏水分散颗粒剂 10 克	稗草、阔叶草、一年生莎草科杂草，对多年生莎草科杂草抑制作用强	水稻移栽后 5~10 天，排水喷雾	稗草超过三叶期，二氯喹啉酸适当加量
50% 二氯喹啉酸可湿性粉剂 20 克加 15% 太阳星水分散颗粒剂 15 克	稗草、阔叶草、一年生莎草科杂草，对多年生莎草科杂草抑制作用强	水稻移栽后 5~10 天，排水喷雾	稗草超过三叶期，二氯喹啉酸适当加量
96% 禾大壮乳油 150 毫升加 12% 农思它乳油 100 毫升	稗草、阔叶杂草、抑制部分莎科杂草	水稻移栽后 5~7 天，毒土法或毒肥法施药	适用于莎草科杂草较少的地块
48% 苯达松水剂 150 毫升加 56% 二甲四氯钠盐 40 克	一年生和多年生莎草科杂草、阔叶杂草	水稻移栽后15~25 天，排水喷雾	适用于莎草科杂草严重的地块

续表

配方	防除对象	施用方法	备注
96% 禾大壮乳油 150 毫升加 50% 扑草净可湿性粉剂 60 克	稗草、眼子菜、水绵	水稻移栽后10～15 天，眼子菜由红转绿时毒土法或毒肥法施药	适用于眼子菜较重的地块
96% 禾大壮乳油 150 毫升加 25% 西草净可湿性粉剂 125 克	稗草、眼子菜、水绵	水稻移栽后10～15 天，眼子菜由红转绿时毒土法或毒肥法施药	适用于眼子菜较重的地块
60% 丁草胺乳油 150 毫升加 50% 扑草净可湿性粉剂 50 克	稗草、眼子菜、部分阔叶杂草、水绵	水稻移栽后 7～10 天，水稻充分缓苗后毒土法或毒肥法施药	稗草露出水面后防效下降
60% 丁草胺乳油 150 毫升加 25% 西草净可湿性粉剂 125 克	稗草、眼子菜、部分阔叶杂草、水绵	水稻移栽后 7～10 天，水稻充分缓苗后毒土法或毒肥法施药	稗草露出水面后防效下降

第六章 常用农药使用技术

第一节 杀虫剂

一、50%辛硫磷

1. 主要性状

纯品为浅黄色油状液体，难溶于水。商品为棕褐色油状体，在中性及酸性介质中比较稳定，在碱性介质中易分解，高温下易分解，对光不稳定，光解速度快。

本品为高效低毒杀虫剂，具有很强的胃毒和触杀作用，无内吸作用，能迅速进入昆虫体内，抑制昆虫体内的乙酰胆碱酯酶，残效期较短。

原药大鼠急性经口 LD_{50} 为 2 170 毫克/千克（雄）、1 976 毫克/千克（雌），对蜜蜂具有触杀和熏蒸作用。

2. 主要适用对象

水稻：稻蓟马、稻纵叶卷叶螟、稻叶蝉、稻苞虫，50～60毫升/亩喷雾。

玉米：玉米螟，2 000 倍液于发生为害初期灌入心叶，傍晚时施药，平均每株灌药液 50 毫升；制成 1.6% 的毒沙，在玉米心叶末期施药，平均每株用毒沙 1 克，傍晚时施用比较安全，暗光下制毒沙，随制随用（毒沙制法：500 毫升对水 0.5 千克喷拌入 15 千克粒径 1 毫米左右的干沙）。

大豆：豆天蛾、大豆瓢虫，50 毫升/亩幼虫三龄前喷雾。

蔬菜：菜蚜、菜青虫，30～40 毫升/亩喷雾。

蓟马、斜纹夜蛾，50 毫升/亩喷雾。

果树：红蜘蛛、尺蠖、粉虱、刺蛾、叶蝉，15～30 毫升/亩喷雾。

苹果小卷叶蛾、梨星毛虫，30～40 毫升/亩喷雾。

地下害虫：蛴螬、蝼蛄、金针虫，125 毫升/亩对水 5 千克稀释后，均匀喷雾拌入 50 千克种子，种子表面无明显药液时播种，适用于小麦、玉米、花生、甜菜、大粒蔬菜种子等。

蛴螬：亩用 5% 毒沙 2～2.5 千克于作物播种时随种播下，适用于玉米、大豆、花生和豆科蔬菜田（毒沙制法：1 000 毫升对水 1 千克稀释后，均匀拌入 10 千克粒径在 1～2 毫米的干沙中）。

蛴螬、根蛆：1 000～2 000 倍液浇灌作物根部，一般亩浇灌 250～300 千克药液，适用各种作物，土壤墒情不足时可用 4 000 倍液，亩灌液量加倍。

3. 注意事项

（1）本剂在光照条件下易分解，药液应随配随用，适宜的施药时间为傍晚前后或前半夜无露水及露水较少时，拌、晾种子应在暗光条件下进行。

（2）作物收获前 5 天内不要施用本剂。

（3）黄瓜、菜豆等对本剂较为敏感，500 倍液即可能产生药害，1 000 倍液也可能产生轻微药害，稀释应不低于 1 000 倍液。

（4）甜菜对本剂也比较敏感，不宜施用。

（5）不能用喷雾法防治玉米田害虫，否则药害严重。

（6）蜜蜂对本剂敏感，放蜂时不宜在蜜源植物的花期施药。

二、50% 甲基对硫磷（甲基 1605）

1. 主要性状

纯品为白色结晶，蒸汽压为 1.29 毫帕（20℃），难溶于水，易溶于多种有机溶剂，在碱性介质中容易分解。

本品具有较为强烈的触杀和胃毒作用，也具有一定的熏蒸作用。基本作用机理为抑制昆虫体内的乙酰胆碱酯酶。

原油大鼠急性经口 LD_{50} 为 9 毫克/千克，急性经皮 LD_{50} 为 67

毫克/千克

2. 主要适用对象

水稻：稻纵卷叶螟、稻黏虫、水稻象甲虫、水稻负泥虫，50毫升/亩喷粗雾。

三化螟、二化螟，80～100 毫升/亩泼浇。

稻叶蝉、稻飞虱、稻蓟马，50 毫升/亩喷雾。稻叶蝉或稻蓟马大发生年，可用 100 毫升/亩对水 3～4 千克，均匀喷拌入 15 千克干细土，于傍晚或早晨有露水时（露水不能太大）撒施。

大豆：大豆造桥虫、豆天蛾、豆小卷叶蛾、花生麦蛾等，50毫升/亩喷粗雾，或用 1 000～1 500 倍液喷粗雾，于卵孵盛期至幼虫二龄期施药效果好。

3. 注意事项

（1）本品属高毒农药，施用中应严格按照"高毒农药安全操作规程"操作。

（2）不要在蔬菜、茶树、桑树、烟草及中草药上施用，不宜在瓜类植物上施用（易产生药害）。

（3）高温季节不要采用低容量甚至超低容量施药，避免中毒事件发生。

（4）本品遇碱易分解，不要与碱性农药混用。

三、60%甲拌磷（3911）

1. 主要性状

纯品为略有臭味的油状液体，蒸汽压为 85.3 毫帕（25℃），微溶于水。

本品为高效、广谱性内吸杀虫、杀螨剂，具有较强的胃毒、触杀、熏蒸作用，能迅速进入昆虫体内，抑制昆虫体内的乙酰胆碱酯酶，残效期很长，原药雄大鼠急性经口 LD_{50} 为 2～4 毫克/千克。

2. 主要适用对象

高粱：蚜虫，10～12 毫升/千克种子对水 60 毫升拌种，药液干后即播种。

蔬菜：蚜虫、跳甲，10~12 毫升/千克种子对水 50 毫升拌种，待种子表面无明显药液时立即播种，仅限于制种蔬菜育苗的种子处理以防治苗期虫害。

甜菜：蚜虫、跳甲等，6.7~8.3 毫升/千克种子对水 40~60 毫升拌种，堆闷 1 个小时后摊开晾干，晾干后立即播种，主要用于采种甜菜南繁育种防治苗期虫害。

3. 注意事项

（1）本品对人、畜剧毒，只准用于小麦、高粱、棉花、油菜、甜菜的种了处理，喷雾拌种时应严格加强人体保护。

（2）凡人、畜食用其根、茎、叶或鲜果的植物，禁止施用本品。

（3）严禁直接对植物体喷雾施用本品。

（4）手工播种时应戴上防水手套，不能用手直接接触有毒的种子。

（5）本品不宜长期使用，应与其他药剂品种交换使用。

四、90%敌百虫

1. 主要性状

纯品为白色结晶粉末，蒸汽压为 1 毫帕（20℃），溶于水。

该药属广谱性有机磷杀虫剂，具有很强的胃毒作用，也有触杀作用，能渗入植物体内，无内吸和传导作用。在弱碱液中能够转变为敌敌畏，不太稳定，很快分解失效。进入昆虫体内，抑制昆虫体内的乙酰胆碱酯酶。

原药大鼠急性经口 LD_{50} 为 560 毫克/千克（雄）、630 毫克/千克（雌），大鼠急性经皮 LD_{50} 大于 2 000 毫克/千克。

2. 主要适用对象

水稻：二化螟，150~200 克/亩在水稻分蘖盛期喷粗雾。

稻纵卷叶螟、稻苞虫、黏虫、稻叶蝉，150 克/亩喷雾。

稻蓟马、稻潜叶蝇、稻象甲、稻瘿蚊、稻负泥虫，200 克/

亩喷雾或喷粗雾。

稻绿蝽、稻黑蝽、大稻绿蝽等，150～200 克/亩在若虫盛期喷雾。

稻绿刺蛾、稻巢草螟、稻穗瘤蛾、稻白草螟、三点水螟、灰翅夜蛾、稻眼蝶、稻条纹螟蛉，150～200 克/亩在卵孵盛期至幼虫低龄期喷雾。

蔬菜：菜青虫、小菜蛾、黄守瓜，90 克/亩喷雾。

甘蓝夜蛾、斜纹夜蛾、菜螟、叶甲、二十八星瓢虫，100～120 克/亩喷雾。

地下害虫：地老虎、蝼蛄，100 克/亩对水 300 克均匀喷雾拌入 3 千克炒香的饼粕或麦麸内，或均匀拌入 10～15 千克切碎（3～4 厘米长）的鲜草内，于傍晚顺行撒施于作物根部诱杀。

蝼蛄、蛴螬：100 克/亩对水少许均匀拌入 3 千克炒香的麦麸内，播种时顺耕作沟或播种沟撒施。

3. 注意事项

（1）玉米、春夏季苹果树对本品比较敏感，施用时稀释倍数应不低于 1 000 倍为安全。

（2）高粱、豆科作物（除大豆外）对本品特别敏感，不宜施用。

（3）高温及空气相对湿度较低时，应于傍晚施药。

（4）作物收获前 10 天内停止施药。

（5）药剂稀释液放置时间不要过长，以免分解降低药效。

五、80% 敌敌畏

1. 主要性状

纯品为无色至琥珀色液体，有芳香味，蒸汽压为 1.6 帕（20℃），溶于水，对铁和软钢有腐蚀性。

本品属高效、速效、广谱有机磷杀虫剂，具有很强的熏蒸及胃毒和触杀作用，能迅速进入昆虫体内，抑制昆虫体内的乙酰胆碱酯酶，具有极强的击倒力，残效期较短。

原药大鼠急性经口 LD_{50} 为 80 毫克/千克（雄）、56 毫克/千克（雌）；雄大鼠急性经皮 LD_{50} 为 107 毫克/千克，雌大鼠急性经皮 LD_{50} 为 75 毫克/千克。对部分天敌和蜜蜂有一定的杀伤力。

2. 主要适应对象

玉米：玉米螟，1 500 倍液灌心叶，于玉米心叶末期傍晚前施药，露水较小或无露水的情况下夜间施药效果好。

大豆：食心虫，第一种方法，150～200 毫升/亩对水 1.5 千克均匀喷雾并拌入 10～20 千克细沙或 30 千克略潮的细土内，将毒沙或毒土均匀撒施入豆田，残效期较短，适于无雨天气条件下施用，于 8 月中下旬成虫盛发期施药；第二种方法，选用较粗未霉烂的玉米秸或高粱秸，剥去腐朽叶与鞘，切成 6～8 厘米长的秸段，浸于乳油中（也可把乳油以 1∶1 稀释）5～10 分钟，每 1 000 毫升乳油约可处理 2 000 个秸段，把处理好的秸段均匀放入豆田中，约 20 平方米豆田放置 1 个秸段，药效期较长，可兼治豆蚜和尺蠖，对低龄天蛾也有效，施用要求同第一种方法。

蔬菜：菜青虫、小菜蛾、斜纹夜蛾，60～70 毫升/亩喷雾。

菜蚜、菜螟、菜叶蜂，30～40 毫升/亩喷雾。

叶甲、黄曲条跳甲，50～60 毫升/亩喷雾。

温室白粉虱：用熏蒸方法，100 毫升乳油可熏蒸 500 立方米温室空间。

果树：苹果卷叶蛾、尺蠖、巢蛾，1 500 倍液喷雾，对苹果卷叶蛾也可以在出蛰盛期用 200 倍液封闭剪锯伤口。

松毛虫、李毛虫、梨星毛虫，1 000 倍液喷雾。

卫生、仓库：蚊、蝇，直接用棉球、纱布或布条浸蘸乳油，悬挂于室内熏蒸。

蛆、孑孓：300 倍液喷洒污染池、粪池及污水池（沟），亩喷药液 60 千克，也可按污染体体积计算喷液量，每立方米污染体喷约液 150 毫升。

仓库、害虫，用乳油直接熏蒸，每立方米仓库空间（应除去粮食等堆积物）用乳油 0.1～0.2 毫升。

3. 注意事项

（1）不能与碱性农药混用。

（2）高粱、月季花对本品敏感，不宜施用。

（3）本品对玉米、豆科作物、瓜类幼苗及柳树易造成药害，稀释倍数以不低于 1 000 倍为宜。

（4）在蔬菜上施用应不低于 500 倍，一季作物施用次数不超过 5 次，安全间隔期不少于 5 天。

（5）在茶树上施用倍数应不低于 1 500 倍，限用 1 次，距采收期应少于 6 天以上施药。

（6）用于卫生害虫防治，特别是室内防治，应注意安全。

（7）人、畜中毒发病很快，病情重，应严格按有机磷农药中毒实施迅速抢救。

六、40％乐果

1. 主要性状

纯品为无色结晶，蒸汽压为 1.1 毫帕（25℃），易溶于水；商品为黄棕色透明油状液体，水分含量小于 0.5％，酸度为小于 0.3％（以硫酸计算），常温下稳定性较好。

本品为内吸杀虫、杀螨剂，具有极强的触杀作用，也具有一定的胃毒作用，基本作用机理为抑制昆虫体内的乙酰胆碱酶，阻碍神经传导。

原药雄大鼠急性经口 LD_{50} 为 320～380 毫克/千克，小鼠经皮 LD_{50} 为 700～1 150 毫克/千克，对鱼的安全浓度为 2.1 毫克/升。

2. 主要适用对象

水稻：稻蓟马、飞虱，50 毫升/亩喷雾，对秧田后期和分蘖初期的稻蓟马应连续施药 2 次。

稻叶蝉、稻褐蝽，用 50 毫升/亩弥雾，选择风力较小的晴天施药。

黏虫：50 毫升/亩喷粗雾，大发生年应适当增加药剂用量和对水量。

大豆：大豆根潜蝇，50 毫升/亩喷雾。

高粱：高粱长蝽，50 毫升/亩喷雾。

高粱蚜：50 毫升/亩对水 1 千克均匀喷雾拌入 10 千克干细土上，于上午露水未干时撒施，或在植株较小时可用 1 000 倍液灌根。

3. 注意事项

（1）本品不能与碱性农药混用。

（2）菊科植物及枣、杏、梅、桃、无花果、柑橘等果树及烟草，对本品 1 500 倍以下药液敏感。

（3）作物收获前 10 天内禁止施用。

（4）本品在贮运过程中容易减效，平均每年下降 5%，应依据贮藏期长短适当增加药剂用量。

（5）对家畜、家禽的胃毒作用较强，施过药剂的鲜草（菜）不能作饲草，施过药的田块（边）10 天内不能放牧禽、畜。

七、40% 氧化乐果

1. 主要性状

纯品为无色透明油状液体，蒸汽压为 3.33 毫帕（20℃），可与水、乙醇、烃类多种溶剂混溶。

本品为内吸杀虫、杀螨剂，具有较强的内吸触杀作用，也具有一定的胃毒作用。基本作用机理为抑制昆虫体内的乙酰胆碱酯酶，阻碍神经传导。

原油大鼠急性经口 LD_{50} 为 30～60 毫克/千克，急性经皮 LD_{50} 为 700～1 400 毫克/千克。

2. 主要适用对象

水稻：稻蓟马、稻叶蝉等，40～50 毫升/亩喷雾，喷雾前应降低田间水层，以水层覆盖大部分地表为准。

稻纵卷叶螟、黏虫，50～60 毫升/亩喷粗雾，下午施药一般比上午施药效果好。

高粱：高粱长蝽，60毫升/亩喷雾，应在若虫低龄期施药。

高粱蚜，60毫升/亩喷雾，适于点片发生时防治。

蔬菜：蚜虫、蓟马，25～30毫升/亩喷雾，一般应连续防治2次，间隔期7天左右。

红蜘蛛、叶蝉、跳甲，40～50毫升/亩喷雾。

菜青虫等食叶性害虫，50毫升/亩于傍晚均匀喷雾。

菜豆根蚜，60毫升/亩于傍晚均匀喷雾，或用70～80毫升/亩对水浇灌根部。

果树：蚜虫、红蜘蛛，一般果树用1 500～2 000倍液喷雾，应挑治中心虫树株。在柑橘上用1 000～1 500倍液喷雾，重点保护新梢。

3. 注意事项

（1）本品不能与碱性农药混用。

（2）蔬菜、果树上的安全间隔期分别为10天、15天。

（3）本品为易燃危险品，贮运过程中注意远离火源，置于通风、干燥、避光之处。

（4）本品对人、畜有较强的毒性，务必注意防护。

（5）对本品敏感的作物与乐果相同，注意使用浓度不能太高。

八、90%杀虫双

1. 主要性状

原药为白色无臭针状结晶，易溶于水，可溶于乙醇、甲醇等。

本品为触杀和胃毒作用的杀虫剂，具内吸性。

原药大鼠急性经口 LD_{50} 为68毫克/千克，大鼠急性经皮 LD_{50} 大于10 000毫克/千克。

2. 主要适用对象

水稻：三化螟、二化螟、大螟、稻纵卷叶螟，50～100克/亩在卵孵盛期至高峰期喷雾。

3. 注意事项

对蚕毒性高。

九、25％杀虫双

1. 主要性状

原药为白色无臭针状结晶，易溶于水，有吸湿性。

本品为触杀和胃毒作用的杀虫剂，具内吸性，兼有杀卵作用。

原药大鼠急性经口 LD_{50} 为 451 毫克/千克，小鼠急性经皮 LD_{50} 为 2 062 毫克/千克。

2. 主要适用对象

水稻：三化螟、二化螟、大螟，200 毫升/亩在卵孵高峰期喷雾。

稻纵卷叶螟、稻苞虫，200 毫升/亩在 2 龄幼虫高峰期喷雾。

稻蓟马，200 毫升/亩在秧田期喷雾。

蔬菜：菜青虫、小菜蛾，500 倍液在幼虫 3 龄前喷雾。

黄曲条跳甲，200 ～250 毫升/亩在幼苗被害初期喷雾。

3. 注意事项

（1）对蚕毒性高。

（2）稻田用药需保持水层，药量不超过 250 毫升/亩。

（3）番茄、豇豆等对此药敏感。

十、2.5％溴氰菊酯（敌杀死）

1. 主要性状

纯品为白色斜方形针状晶体，蒸汽压为 0.002 毫帕（25℃），常温下几乎不溶于水，在酸性介质中稳定，在碱性介质中不稳定，对光稳定。

本品以触杀和胃毒作用为主，对害虫有一定的驱避拒食作用，但无内吸及熏蒸作用。

原药大鼠急性经口 LD_{50} 为 600 毫克/千克，大鼠急性经皮

LD_{50}大于 2 940 毫克/千克。

2. 主要适用对象

旱粮：小麦、玉米、高粱黏虫、蚜虫和大豆食心虫，20~40 毫升/亩喷雾。

蔬菜：菜青虫、小菜蛾，15~20 毫升/亩喷雾。

黄守瓜、黄曲条跳甲，14~24 毫升/亩喷雾。

果树：柑橘潜叶蛾，2 500~5 000 倍液喷雾。

桃小食心虫、梨小食心虫，3 000~5 000 倍液喷雾。

3. 注意事项

（1）本品不可与碱性物质混用，以免分解失效。

（2）不能在桑园、鱼塘、河流、养蜂等处使用，以免对蚕、蜂、水生生物等产生毒害。

（3）对钻蛀性害虫应掌握在幼虫蛀入作物之前施药。

十一、10%氯氰菊酯

1. 主要性状

原药为黄棕色至深红褐色黏稠液体，蒸汽压为 2.27×10^{-3} 毫帕，在水中溶解度极低，易溶于酮类、醇类及芳烃类溶剂，在中性、酸性条件下稳定，在强碱条件下水解。

本品具有触杀和胃毒作用，对某些害虫的卵具有杀伤作用。

原药大鼠急性经口 LD_{50} 为 251 毫克/千克，大鼠急性经皮 LD_{50} 为 1 600 毫克/千克。对鱼类、蜜蜂、蚕、蚯蚓毒性高。

2. 主要适用对象

蔬菜：菜青虫、小菜蛾，20~40 毫升/亩喷雾。

黄守瓜，1 500~3 000 倍液喷雾，同时，可兼治黄曲条跳甲、烟青虫、葱蓟马、斜纹夜蛾等。

果树：苹果桃小食心虫，2 000~4 000 倍液喷雾。

桃蛀螟，1 500~4 000 倍液喷雾。

大豆：大豆食心虫、豆天蛾、造桥虫，35~45 毫升/亩喷雾。

甜菜：甜菜夜蛾，1 000～2 000 倍液喷雾。

花卉：菊花、月季蚜虫，5 000～6 000 倍液喷雾。

3. 注意事项

（1）不要随意增加用药量及用药次数，注意与非菊酯类农药交替使用。

（2）不要与碱性物质如波尔多液混用。

（3）不要污染水域、桑园及养蜂场所。

十二、20%甲氰菊酯（灭扫利）

1. 主要性状

原药为棕黄色液体或固体，蒸汽压为 1.3 毫帕（25℃），几乎不溶于水，溶于二甲苯、环己烷等有机溶剂，可与除碱性物质以外的大多数农药混用。

本品具有触杀、胃毒和一定的驱避作用，无内吸熏蒸作用，对多种叶螨有良好的效果。

原药大鼠急性经口 LD_{50} 为 107～164 毫克/千克，大鼠急性经皮 LD_{50} 为 600～870 毫克/千克。对鱼、蜜蜂高毒。

2. 主要适用对象

蔬菜：小菜蛾、菜青虫、二点叶螨，20～30 毫升/亩喷雾。

温室白粉虱，10～25 毫升/亩喷雾。

果树：桃小食心虫、柑橘红蜘蛛、苹果红蜘蛛，2 000～4 000 倍液喷雾。

山楂红蜘蛛，2 000～3 000 倍液喷雾。

荔枝蝽，3 000～4 000 倍液喷雾。

橘蚜，4 000～8 000 倍液喷雾。

桃蚜、柑橘潜叶蛾，4 000～10 000 倍液均匀喷雾

3. 注意事项

（1）本品不要与碱性物质混用，以免降低药效。

（2）施药时要避开蜜蜂采蜜季节及蜜源植物，不要在池塘、水源、桑田、蚕室近处喷药。

十三、20％氰戊菊酯（速灭杀丁）

1. 主要性状

纯品为微黄色透明油状液体，原药为黄色或棕色黏稠状液体，蒸汽压为 3.73×10^{-5} 帕（25℃），微溶于水，在二甲苯、甲醇、丙酮、氯仿中溶解度大于50％，在酸性溶液中稳定，在碱性溶液中不稳定。

本品以触杀和胃毒作用为主，无内吸传导和熏蒸作用。

原药大鼠急性经口 LD_{50} 为451毫克/千克，大鼠急性经皮 LD_{50} 大于5 000毫克/千克。

2. 主要适用对象

小麦：麦蚜、黏虫：3 500～5 000倍液喷雾。

大豆：大豆食心虫，20～40毫升/亩喷雾；同时，兼治蚜虫、地老虎。

蔬菜：菜青虫，10～25毫升/亩喷雾。

小菜蛾，15～30毫升/亩喷雾。

豆荚野螟、豆天蛾，20～40毫升/亩喷雾，可兼治斜纹夜蛾、黄守瓜、烟青虫、二十八星瓢虫等。

果树：苹果、梨、桃树食心虫，2 000～4 000倍液喷雾。

柑橘介壳虫：4 000～5 000倍液喷雾。

柑橘潜叶蛾：5 000～10 000倍液喷雾。

3. 注意事项

（1）在害虫害螨并发的作物上使用此药，由于对螨无效，对天敌毒性高，易造成害螨猖獗，所以要配合使用杀螨剂。

（2）蚜虫、棉铃虫等对此药易产生抗性，尽量采取轮用、混用等方法。

（3）不要与碱性农药混用。

（4）对蜜蜂、鱼虾、家蚕等毒性高，使用时不要污染河流、池塘、桑园、养蜂场所。

第二节　杀菌剂

一、40％稻瘟灵

1. 主要性状

纯品为白色晶体，蒸汽压为 1.86×10^{-2} 帕，微溶于水。

本品是具保护和治疗作用的内吸性杀菌剂，对稻瘟病有特效。

2. 主要适用对象

水稻：稻瘟病，57 ~ 72 毫升/亩喷雾。

3. 注意事项

（1）不可与强碱性农药混用。

（2）安全间隔期 14 天以上。

二、20％三环唑（灭瘟灵、比艳）

1. 主要性状

纯品为白色结晶，原粉蒸汽压为 2.67×10^{-5} 帕（25℃），微溶于水。

本品是保护作用强的内吸性杀菌剂。

原药大鼠急性经口 LD_{50} 为 237 毫克/千克；兔急性经皮 LD_{50} 大于 2 000 毫克/千克。

2. 主要适用对象

水稻：苗瘟，75 ~ 100 克/亩喷雾，或用 5 000 倍液浸种，或每千克种子拌药 5 克。

叶瘟：7.5 ~ 11.5 克/平方米对水 3 千克浇苗床土，或用 1 000 ~ 2 000 倍液浸苗。

穗瘟：75 ~ 100 克/亩喷雾，或对水 5 ~ 10 千克低容量喷雾。

3. 注意事项

最迟一次用药不宜超过破口后 3 天，安全间隔期 21 天。

三、40%异稻瘟净

1. 主要性状

纯品为无色透明油状液体，蒸汽压为 0.173 毫帕（25℃），微溶于水。本品是内吸传导型的杀菌剂。

纯品大鼠急性经口 LD_{50} 为 490 毫克/千克。

2. 主要适用对象

水稻：叶稻瘟，150 毫升/亩喷雾或低容量喷雾。

穗颈瘟：150~200 毫升/亩喷雾或作低容量喷雾。

3. 注意事项

（1）该药在棉田附近使用时要注意药液飘移，否则棉花会落叶。

（2）稻田使用浓度过高或药量过大时，稻苗上会产生褐色药害斑。

（3）禁止与碱性农药、高毒有机磷杀虫剂及五氯酚钠混用。

（4）本品易燃，贮存时远离火源。

四、25%多菌灵

1. 主要性状

纯品为白色结晶，蒸汽压为 $1×10^{-5}$ 帕（20℃），难溶于水。本品是具保护和治疗作用的内吸性杀菌剂。

纯品大鼠急性经口 LD_{50} 大于 10 000 毫克/千克。

2. 主要适用对象

水稻：稻瘟病、纹枯病、小球菌核病，150~200 克/亩喷雾。

花生：立枯病、茎腐病、根腐病，每千克种子用 10~20 克药对水 40 克湿拌种。

甘薯：黑斑病，5 000 倍药液浸种薯或 8 000 倍液浸苗基部。

番茄：早疫病，125~250 克/亩喷雾。

梨：黑星病，250 倍液喷雾。

桃：疮痂病，250～400 倍液喷雾。

苹果：褐斑病，250～400 倍液喷雾。

葡萄：白腐病、黑痘病、炭疽病，250～400 倍液喷雾。

月季：褐斑病，250 倍液喷雾。

君子兰：叶斑病，250 倍液喷雾。

3. 注意事项

（1）不能与铜制剂混用，与杀虫、杀螨剂要随混随用。

（2）水稻收割前 30 天，小麦收割前 20 天停止用药。

五、70%甲基硫菌灵（甲基托布津）

1. 主要性状

原粉为微黄色结晶，蒸汽压为 9.49×10^{-6} 帕（25℃），几乎不溶于水。本品为广谱性内吸杀菌剂，具有预防和治疗作用。

原药大鼠急性经口 LD_{50} 为 7 500 毫克/千克（雄）、6 640 毫克/千克（雌）。

2. 主要适用对象

水稻：稻瘟病、纹枯病，100 克/亩喷雾。

瓜类：白粉病、炭疽病、蔓枯病、灰霉病，1 000 倍液喷雾。

番茄：灰霉病，1 000 倍液喷雾。

茄子：灰霉病，1 000 倍液喷雾。

甜椒：灰霉病，1 000 倍液喷雾。

菜豆：灰霉病，1 000 倍液喷雾。

芹菜：灰霉病、菌核病，1 000 倍液喷雾。

十字花科蔬菜：白粉病、菌核病，1 000 倍液喷雾。

苹果：黑星病、白粉病，1 000～1 400 倍液喷雾。

梨：黑星病、白粉病、轮纹病，1 000～1 400 倍液喷雾。

葡萄：白粉病、褐斑病、炭疽病、灰霉病，1 000～1 400 倍液喷雾。

桃树：褐腐病，1 000～1 400 倍液喷雾。

3. 注意事项

不能与含铜药剂混用。

六、25%甲霜灵（瑞毒霜）

1. 主要性状

原药为黄色至褐色无味粉末。

本品是具有保护和治疗作用的内吸性杀菌剂。

原药大鼠急性经口 LD_{50} 为 669 毫克/千克。

2. 主要适用对象

黄瓜、白菜：霜霉病，30～60 克/亩喷雾。

马铃薯：晚疫病，150～200 克/亩喷雾。

啤酒花：霜霉病，250 倍液喷雾。

葡萄：霜霉病，100 克/亩＋80%代森锰锌可湿性粉剂 200 克/亩喷雾。

烟草：黑胫病，130 克/亩喷淋苗床；150～200 克/亩在大田喷雾。

谷子：白发病，每千克种子拌 35%拌种剂 2～3 克。

大豆：霜霉病，每千克种子拌 35%拌种剂 3 克。

3. 注意事项

单用此药会使病菌产生抗药性，应与其他药剂混用。

七、75%百菌清（达科宁）

1. 主要性状

纯品为无味结晶，蒸汽压小于 1.33 帕（40℃以下），微溶于水。

本品是具有预防作用的非内吸性广谱杀菌剂。

原粉大鼠急性经口 LD_{50} 大于 10 000 毫克/千克。

2. 主要适用对象

玉米：大斑病，110～140 克/亩喷雾。

花生：锈病、褐斑病、黑斑病，100～120 克/亩喷雾。

瓜类：炭疽病、霜霉病、白粉病，110～150克/亩喷雾。

蔓枯病、叶枯病、疮痂病，150～225克/亩喷雾。

蔬菜：灰霉病、炭疽病、黑斑病、霜霉病、叶斑病、叶霉病、早疫病，100～120克/亩喷雾。

马铃薯：晚疫病、早疫病，80～100克/亩喷雾。

桃：褐腐病、疮痂病，800～1200倍液喷雾。

穿孔病，650倍液喷雾。

葡萄：炭疽病、白粉果腐病，600～750倍液喷雾。

草莓：灰霉病、叶枯病、叶焦病、白粉病，100克/亩喷雾。

蔬菜大棚、温室：2.5%烟剂200～250克/亩按4～5点分布，于傍晚在棚室内用暗火点燃，次日清晨通风，可防治叶面病害。

3. 注意事项

严禁污染鱼塘。

八、70%代森锰锌

1. 主要性状

原药为灰黄色粉末，不溶于水。

本品是保护性杀菌剂，杀菌谱广。

原药大鼠急性经口 LD_{50} 为10000毫克/千克（雄）。

2. 主要适用对象

马铃薯：早疫病、晚疫病，150～250克/亩喷雾。

黄瓜：霜霉病、蔓枯病，125～250克/亩喷雾。

番茄：早疫病、叶霉病、炭疽病、轮纹病，150～250克/亩喷雾。

茄子：灰霉病、黑枯病，150～250克/亩喷雾。

白菜、甘蓝：霜霉病、白斑病、黑斑病，150～250克/亩喷雾。

胡萝卜：黑斑病，150～250克/亩喷雾。

芹菜：早疫病，150～175克/亩喷雾。

3. 注意事项

不与碱性农药和含铜制剂混用，与含有游离盐酸的农药混用时会引起药害。

九、40%三乙膦酸铝（乙膦铝、疫霉灵、疫霜灵等）

1. 主要性状

工业品为白色粉末，可溶于水。

本品为内吸性杀菌剂，具有保护和治疗作用。

原粉大鼠急性经口 LD_{50} 为 5 800 毫克/千克。

2. 主要适用对象

蔬菜：霜霉病，200～250 倍液喷雾。

茄子：绵疫病，200～250 倍液喷雾。

黄瓜：疫病，200～250 倍液喷雾。

番茄：早疫病，200～500 倍液喷雾。

西瓜：褐腐病，200～250 倍液喷雾。

葡萄：霜霉病、白腐病、炭疽病，200～250 倍液喷雾。

苹果：轮纹病，200 倍液喷雾或 250～500 倍液浸果。

烟草：黑胫病，550～750 克/亩喷雾。

3. 注意事项

（1）不可与酸性、碱性农药混用。

（2）注意防潮，如结块不影响药效。

十、20%三唑酮（粉锈宁）

1. 主要性状

纯品为无色结晶，有特殊气味，蒸汽压小于 1×10^{-5} 帕（20℃），微溶于水。

本品为高效、低毒、低残留、持效期长、内吸性强的杀菌剂。原药大鼠急性经口 LD_{50} 为 1 000～1 500 毫克/千克。

2. 主要适用对象

水稻：叶枯病、叶黑粉病，30~40 克/亩喷雾。

高粱：丝黑穗病、散黑穗病、坚黑穗病，每千克种子拌药 1.6~2.4 克。

玉米：丝黑穗病，每千克种子拌药 3.2 克。

菜豆、豇豆、蚕豆：锈病，2 000 倍液喷雾。

瓜类：白粉病，5 000 倍液喷雾。

苹果：白粉病，5 000 倍液喷雾。

山楂：白粉病，5 000 倍液喷雾。

梨：锈病，2 500 倍液喷雾。

葡萄：白粉病，5 000 倍液喷雾。

烟草：白粉病，5~10 克/亩喷雾。

3. 注意事项

禁止儿童接触该药。

十一、5%菌毒清

1. 主要性状

纯品是淡黄色针状晶体，易溶于水。

本品是具保护和治疗作用并具一定的内吸和渗透作用的杀菌剂。

5%水剂大鼠急性经口 LD_{50} 为 6 180 毫克/千克。

2. 主要适用对象

番茄：病毒病，249~375 毫升/亩喷雾。

辣椒：病毒病，249~375 毫升/亩喷雾。

苹果：腐烂病，50~100 倍液涂抹病疤，每病疤 10~15 毫升。

3. 注意事项

（1）不宜与其他农药混用。

（2）不宜用普通聚氯乙烯容器包装和贮存。

（3）气温较低时会有结晶，须温热熔化后再稀释。

十二、95%敌磺钠（敌克松）

1. 主要性状

纯品为淡黄色结晶，可溶于水。

本品是以保护作用为主，兼具治疗作用且有一定的内吸和渗透作用的杀菌剂。

原药大鼠急性经口 LD_{50} 为 75 毫克/千克。

2. 主要适用对象

水稻：立枯病、烂秧病，921 克/亩秧田喷雾或泼浇。

大白菜：软腐病，184～368 克/亩喷雾或泼浇。

番茄：绵腐病、炭疽病，184～368 克/亩喷雾或泼浇。

瓜类：枯萎病、猝倒病、炭疽病，184～368 克/亩喷雾或灌根。

甜菜：立枯病、根腐病，每千克种子拌药 5～8 克。

烟草：黑胫病，350 克/亩拌 15～20 千克细土撒于烟草基部；或用 500 倍液喷雾，100 千克药液/亩。

3. 注意事项

（1）本品溶解慢，应先用水搅拌均匀后再稀释至所需浓度。

（2）本品易光解，宜选择阴天或傍晚时施药。

（3）不能与碱性农药和农用抗菌素混用。

十三、72%链霉素

1. 主要性状

原药为白色粉末，易溶于水。

本品是具保护和治疗作用的抗生素类杀菌剂。

原药大鼠急性经口 LD_{50} 大于 9 000 毫克/千克。

2. 主要适用对象

水稻：白叶枯病：14～32 克/亩喷雾。

大白菜：软腐病：14～32 克/亩喷雾。

3. 注意事项

（1）不能与碱性农药和碱性水混用。

（2）喷药后 8 小时内遇雨需补喷。

（3）严防受潮，避免高温日晒。

十四、5％井冈霉素

1. 主要性状

纯品为白色粉末，易溶于水。

本品是具强内吸性的农用抗生素类杀菌剂。

纯药大鼠急性经口 LD_{50} 大于 2 000 毫克/千克。

2. 主要适用对象

水稻：纹枯病，200～250 毫升/亩喷雾，或对水 400 千克泼浇。稻曲病，150～200 毫升/亩喷雾。

黄瓜：立枯病，1 000～2 000 倍液灌苗床，3～4 升/平方米药液。

3. 注意事项

（1）稻田施药应保持水深 2～4 厘米。

（2）药剂应注意防霉、防湿、防腐、防冻。

第三节　除草剂

一、10％苄嘧磺隆

1. 主要性状

原药为白色略带浅黄色无臭固体，蒸汽压为 1.73 毫帕（20℃）在微碱性水溶液中缓慢降解。

本品为选择性内吸传导型除草剂。

原药大鼠急性经口 LD_{50} 大于 5 000 毫克/千克，急性经皮 LD_{50} 大于 2 000 毫克/千克。

2. 主要适用对象

水稻秧田、直播田、移栽田防除多种阔叶杂草及莎草科杂草，如鸭舌草、节节草、陌上菜、矮慈姑、碎米莎草、异型莎草、牛毛草等。

水稻秧田、直播田：在播种后至杂草幼小期，15克/亩喷雾。

水稻移栽田：移栽后4～7天，15克/亩拌半湿细土或结合追肥拌适当尿素均匀撒施。施药时和施药后5～7天，田间保持有浅水层。

3. 注意事项

（1）该药对稗草等禾本科杂草防效差。

（2）不能与肥料、种子、杀虫剂等混放。

二、10％吡嘧磺隆（草克星、水星）

1. 主要性状

原药为白色结晶，蒸汽压为0.0147毫帕（20℃）。

本品为选择性内吸传导型水田除草剂。

原药大鼠急性经口 LD_{50} 大于5 000毫克/千克。

2. 主要适用对象及注意事项

适用于水稻移栽田、水直播田，防除多种阔叶杂草、莎草科杂草以及二叶期以前的稗草。

移栽田：在插秧后4～6天，10～15克/亩拌半湿细土或结合追肥拌适量尿素撒施。

水直播田：播种后3～7天，10～15克/亩拌适量半湿细土撒施。

3. 注意事项

（1）田要耙平，移栽田施药时和施药后5～7天保持浅水层。

（2）水稻的不同品种对此药的耐性不同，应经试验后应用。

三、40％莠去津（阿特拉津）

1. 主要性状

纯品为无色结晶，蒸汽压为 0.04 毫帕（20℃）。原粉为白色粉末。本品为选择性内吸传导型苗前苗后除草剂。

原药大鼠急性经口 LD_{50} 为 1 780 毫克/千克，兔急性经皮 LD_{50} 为 7 500 毫克/千克。

2. 主要适用对象

适用于玉米、高粱、甘蔗田及果园、苗圃、林地防除一年生禾本科杂草和阔叶杂草，对某些多年生杂草也有一定抑制作用。

玉米田：夏玉米，在播后苗前用药，175 ~ 200 毫升/亩或 200 ~ 250 毫升/亩（土壤有机质含量大于 3％ 的地区）喷雾；在玉米 4 叶期，125 ~ 150 毫升/亩喷雾。

春玉米，在播后苗前，200 ~ 250 毫升/亩喷雾；若遇干旱，则药后混土或适量灌溉。

3. 注意事项

（1）此药残效期长，后茬为敏感作物小麦、大豆、水稻等，对后茬易产生药害，可降低用量或与其他药剂混用。

（2）玉米套种豆类作物，不宜使用此药。

（3）桃园不能使用此药。

四、50％乙草胺

1. 主要性状

原药为淡黄色至紫色液体，可溶于水，不易挥发。

本品为内吸传导型土壤处理剂。

原药大鼠急性经口 LD_{50} 为 2 148 毫克/千克，兔急性经皮 LD_{50} 为 4 166 毫克/千克。

2. 主要适用对象

适用于水稻、小麦、花生、棉花、玉米、大豆田等防除牛筋草、马唐、狗尾草、稗草、看麦娘等一年生禾本科杂草，对野苋、藜、鸭跖草、马齿苋也有一定效果。

水稻田：水稻移栽后 3~5 天，10~15 毫升/亩拌毒土 15~20 千克浅水撒施，保水 5~7 天。

玉米田：播后苗前，120~250 毫升/亩（东北地区）、100~150 毫升/亩（其他地区）、75~100 毫升/亩（地膜覆盖地）喷雾。

大豆田：在播前或播后苗前，100~150 毫升/亩（南方地区）、150~200 毫升/亩（东北、华北、西北的有机质含量在 6%以下地区）、200~266.7 毫升/亩（东北有机质含量在 6%以上地区）喷雾。

花生田：在播后苗前，露地春花生，150~200 毫升/亩（华北、华中地区）、100~125 毫升/亩（华南地区）、75~100 毫升/亩（地膜覆盖地）喷雾。

五、60%丁草胺（马歇特）

1. 主要性状

纯品为浅黄色油状液体，微溶于水，能溶于多种有机溶剂，蒸汽压为 0.6 毫帕（25℃）。

本品为选择性苗前除草剂。

原药大鼠急性经口 LD_{50} 大于 2 000 毫升/千克。

2. 主要适用对象

主要适用于水稻田防除稗草、千金子、异型莎草、矮慈姑、节节草、鸭舌草等，也可用于麦田、玉米、陆稻、蔬菜等旱地作物田除草。

水稻田、秧田、直播稻田：在播前 2~3 天或秧苗 1 叶 1 心期，75~100 毫升/亩喷雾。

移栽田：在移栽后 3~5 天，100 毫升/亩拌毒土 20~30 千克撒施。

麦田和旱作田：在播种覆土后，土壤湿度较好情况下，100~125 毫升/亩喷雾。

3. 注意事项

（1）秧田用药田间不能有积水。

（2）旱地使用不可有露籽。

（3）对鱼类毒性高，不可污染河流和鱼塘。

六、12%恶草酮（农思它）

1. 主要性状

原药为白色无气味不吸水结晶，蒸汽压为 0.133 毫帕（20℃）。

本品为选择性芽前芽后除草剂。

原药大鼠急性经口、经皮 LD_{50} 约为 8 000 毫克/千克。

2. 主要适用对象

适用于水稻、棉花、花生、甘蔗、茶园、果园及花卉防除一年生禾本科杂草及阔叶杂草。

水稻田：移栽稻田整地后趁水浑浊时使用，田间有 3～5 厘米水层，200～250 毫升/亩直接瓶甩撒施，施药后 1～2 天插秧。

棉花田：在播种后出苗前，200～250 毫升/亩喷雾。

花生田：在播后苗前，200 毫升/亩喷雾。

甘蔗田：在种植后真叶出现前，275～300 毫升/亩进行土壤处理。

果园：在杂草出芽前，200 毫升/亩作土壤处理。

3. 注意事项

（1）该药用于水稻移栽田，小苗、弱苗超过常规用药量，或水层过深淹没心叶，易出现药害。

（2）棉田施用此药如剂量过高易产生药害。

七、20%敌稗

1. 主要性状

纯品为白色结晶固体，蒸汽压为 0.012 帕（60℃）。原粉为浅黄色固体，难溶于水。

本品为高度选择性的触杀型除草剂。

纯品大鼠急性经口 LD_{50} 为 1 400 毫克/千克。

2. 主要适用对象

主要用于水稻秧田、直播田、移栽田防除稗草，也可防除水马齿、鸭舌草和旱稻田马唐、狗尾草、野苋等杂草幼苗。

水稻：秧田在稗草 1 叶 1 心期，750 ~ 1 000 毫升/亩喷雾。

移栽田：在稗草 1 叶 1 心至 2 叶 1 心期，1 000 毫升/亩喷雾。施药应选择晴天，并排干田水，施药 2 天后灌水淹稗草心 2 天，以后正常管理。

3. 注意事项

（1）不能与 2,4-D 丁酯和液体肥料混用。

（2）喷施此药前后 10 天内，不能喷施有机磷和氨基甲酸酯类农药，更不能与这些农药混用。

（3）此药在贮存中会出现结晶，使用时略加热，待熔化后再稀释使用。

（4）应选择晴天无风时喷药，气温高除草效果好。

八、50%二氯喹啉酸（快杀稗、神锄、杀稗灵）

1. 主要性状

纯品为淡黄色固体，微溶于水，蒸汽压为小于 1×10^{-5} 帕（20℃）。

本品为内吸传导型茎叶处理剂。

原药大鼠急性经口 LD_{50} 为 3 060 毫克/千克（雄）、2 190 毫克/千克（雌）。

2. 主要适用对象

此药是防除稻田稗草的特效除草剂，还可防除鸭舌草、水芹、雨久花、田青等。

水稻秧田、直播田：26 ~ 52 克/亩在水稻 2.5 ~ 3 叶期喷雾。

移栽田、抛秧田：26 ~ 52 克/亩在稗草 1 ~ 3.5 叶期喷雾。施药前排水，施药后 2 天灌水恢复正常管理。

3. 注意事项

（1）混有莎草和双子叶草的稻田，可与苄嘧磺隆混用。

（2）切勿用施药后的稻田水浇蔬菜。

九、20%2甲4氯钠

1. 主要性状

纯品为无色无味结晶，微溶于水，易溶于乙醇、丙酮等，能与各类碱生成相应的盐。

本品为选择性激素型除草剂。

原药大鼠急性经口 LD_{50} 为612毫克/千克（雄）、962毫克/千克（雌），兔急性经皮 LD_{50} 大于2 000毫克/千克。

2. 主要适用对象

适用于水稻、小麦及其他旱地作物田防除三棱草、鸭舌草、大巢菜等阔叶杂草。

水稻田：秧田、直播田，在秧苗4～5叶期（秧田拔秧前7～9天），200毫升/亩喷雾，施药前排干水，药后2～3天灌水。

移栽田：在水稻分蘖末期，200～250毫升/亩喷雾。

3. 注意事项

（1）该药对阔叶作物很敏感，使用时避免雾滴飘移而产生药害。

（2）不可与酸性物质接触，以免失效。

（3）喷雾器必须彻底清洗，最好专用。

十、72%2,4-D丁酯

1. 主要性状

纯品为无色油状液体，原油为褐色液体。难溶于水，易溶于多种有机溶剂，挥发性强，遇碱分解。

本品为选择性内吸传导型除草剂。

原药大鼠急性经口 LD_{50} 为500～1 000毫克/千克。

2. 主要适用对象

适用于小麦、玉米、谷子、高粱、水稻等禾本科作物田防除一年生双子叶杂草。

玉米田：在玉米 4～6 叶期，50～100 毫升/亩，在玉米播后苗前喷雾，30～50 毫升/亩喷雾

高粱田：40～60 毫升/亩在 5～6 叶期喷雾。

谷子田：30～50 毫升/亩在 4～6 叶期喷雾。

水稻田：35～50 毫升/亩在水稻分蘖末期至拔节前喷雾。

十一、48%氟乐灵

1. 主要性状

原药为橙黄色结晶，难溶于水，能溶于大多数有机溶剂，蒸汽压为 13.7 毫帕（25℃），易光解。

本品为内吸传导型苗前土壤处理除草剂。

原药大鼠急性经口 LD_{50} 为 10 000 毫克/千克，兔急性经皮 LD_{50} 大于 20 000 毫克/千克。

2. 主要适用对象

适用于水稻、大豆、花生、芝麻、玉米、棉花、蔬菜、果园田中防除稗草、野燕麦、狗尾草、马唐、牛筋草、千金子等一年生禾本科杂草和部分阔叶杂草。

水稻田：移栽后 3～5 天，150～200 毫升/亩拌毒土浅水撒施，保水 7 天。

大豆田：播种前 5～7 天，80～110 毫升/亩喷雾，施药后立即混土。

油菜、花生、芝麻田：在播种前 3～7 天，100～150 毫升/亩喷雾，施药后立即混土。

玉米田：在播后苗前，75～100 毫升/亩喷雾，用药后立即混土。

蔬菜田：番茄、茄子、青椒、甘蓝、菜花可在移栽后、杂草出苗前，100～150 毫升/亩喷雾。

3. 注意事项

（1）低温、干旱地区，下茬不宜种植高粱、谷子等敏感作物。

（2）本品贮存时避免阳光直射，不要靠近火源。

十二、50%扑草净

1. 主要性状

原粉为灰白色或米黄色粉末，有臭鸡蛋味，蒸汽压为 0.133 毫帕（20℃）。

本品为选择性内吸传导型除草剂。

原药大鼠急性经口 LD_{50} 为 3 150～3 750 毫克/千克。

2. 主要适用对象

主要适用于水稻、麦类、棉花、花生、甘蔗、大豆、薯类、蔬菜、果树等作物，对一年生阔叶杂草、禾草、莎草及某些多年生杂草如眼子菜、牛毛草、萤蔺等有效。

水稻田：水稻移栽后 5～7 天，20～40 克/亩拌湿润细土 20～30 千克均匀撒施。施药时和施药后 7～10 天，田间保持有 3～5 厘米浅水层。水稻移栽后 20～25 天，眼子菜叶片由红变绿时，25～50 克/亩（南方）或 65～100 克/亩（北方）拌湿润细土 20～30 千克撒施，田间保持浅水层 10 天。

花生田、大豆田：在播前或播后苗前，100 克/亩喷雾。

谷子田：在播后苗前，50 克/亩喷雾处理。

蔬菜田：主要用于胡萝卜、芹菜、大蒜、洋葱、韭菜、茴香等。在播种时、播后苗前或 1～2 叶期，100 克/亩喷雾。

果园、茶园、桑园：在一年生杂草大量萌发期，土壤湿润条件下，250～300 克/亩喷雾。

3. 注意事项

（1）严格掌握施药适期和药量，以免发生药害。

（2）气温超过 30℃时，水稻易产生药害。

十三、5％精喹禾灵（精禾草克）

1. 主要性状

纯品为浅灰色晶体，微溶于水，溶于丙酮、二甲苯，蒸汽压为 0.11 毫帕（20℃），正常条件下贮存稳定。

本品为内吸传导型茎叶处理剂。

原药大鼠急性经口 LD_{50} 为 1 210 毫克/千克（雄）、1 182 毫克/千克（雌）。

2. 主要适用对象

适用范围同喹禾灵。

大豆、花生、油菜、棉花田：防除一年生禾本科杂草。在作物苗后 2～4 叶期或移栽缓苗后，杂草 2～5 叶期，50～80 毫升/亩作茎叶喷雾。

3. 注意事项

防除多年生禾本科杂草和高龄一年生杂草应使用推荐量的上限。

十四、25％灭草松（苯达松、排草丹）

1. 主要性状

纯品为白色无臭结晶，蒸汽压为 1×10^{-7} 帕（20℃），难溶于水，能溶于丙酮、乙醇等。

本品为触杀型选择性苗后茎叶处理剂。

原药大鼠急性经口 LD_{50} 为 1 100 毫克/千克。

2. 主要适用对象

本品适用于水稻、麦类、大豆、花生田防除一年生莎草科和双子叶杂草。

水稻：秧田、直播田在播后 30 天，移栽田、抛秧田在插秧后 20 天，排干田水，300～400 毫升/亩喷雾。

麦田：用于防除猪殃殃、繁缕、大巢菜、麦家公等双子叶杂草。在初春气温回升，杂草 3～5 叶期，150～300 毫升/亩喷雾。

大豆田：在大豆 1~3 复叶时，300~400 毫升/亩喷雾。

花生田：在杂草 3~4 叶期，250~380 毫升/亩喷雾。

3. 注意事项

高温晴天时活性强，在极干旱和积水田不宜使用，以防药害。

十五、20%百草枯（克芜踪）

1. 主要性状

原药为白色结晶，极易溶于水，在酸性和中性溶液中稳定。

本品为速效触杀型灭生性除草剂。

原药大鼠急性经口 LD_{50} 为 112~150 毫克/千克，兔急性经皮 LD_{50} 为 240 毫克/千克。

2. 主要适用对象

麦、油菜、棉花、蔬菜田：轮作倒茬、免耕少耕田防除一、二年生杂草，对多年生深根性杂草只能杀死地上绿色部分。在前茬作物收割后，后茬作物播种或移栽前，200~300 毫升/亩喷雾。

果、林、桑、茶园：200~300 毫升/亩对树下杂草定向喷雾。

3. 注意事项

（1）光照好可加速药效发挥。

（2）喷药后一天内勿让家畜进入田中。

（3）勿将药液溅到作物叶片和绿色部分。

十六、10%草甘膦（农达）

1. 主要性状

纯品为非挥发性白色固体，对中炭钢、镀锌铁皮有腐蚀作用。

本品为内吸传导型广谱灭生性除草剂。

原药大鼠急性经口 LD_{50} 为 4 300 毫克/千克。

2. 主要适用对象

农田除草：对稻麦、水稻和油菜轮作的地块，在收割后倒茬期间，500~750 毫升/亩喷雾。

果园除草：由于杂草对草甘膦敏感性不同，因而用药量也不同。对一年生杂草，500~700 毫升/亩；对车前草、小飞蓬等，750~1 000 毫升/亩；对白茅、芦苇、狗牙根等，1 200~1 500 毫升/亩；对杂草茎叶定向喷雾，避免使果树叶子受药。

3. 注意事项

（1）此药是灭生性除草剂，使用时严禁药液飘到作物上，以免发生药害。

（2）药液要用清水配制，用浑浊水会降低药效。

（3）应选择晴天施药，施药后 3 天内不能割草、放牧、翻地。

第四节　生长调节剂

一、40%乙烯利（一试灵）

1. 主要性状

纯品为白色针状结晶，易溶于水和酒精，在碱性介质中很快分解出乙烯。

本品是促进成熟的植物生长调节剂，经植物的叶片、树皮、果实或种子进入植物体内，传导到起作用部位便释放出乙烯，促进果实成熟及叶片、果实的脱落、矮化植株，改变雌雄花的比例等。

原药大鼠急性经口 LD_{50} 为 4 229 毫克/千克，兔急性经皮 LD_{50} 为 5 730 毫克/千克。对皮肤、黏膜、眼睛有刺激性，对鱼、蜜蜂低毒。

2. 主要适用对象

水稻：400 倍液在秧苗 5~6 叶喷雾 1~2 次，促进壮苗。

冬小麦：267~800 倍液在孕穗期至抽穗期喷洒全株，诱使雄性不育。

甜菜：800 倍液在收获前 4～6 周喷洒全株，可增加糖分。

番茄：400 倍液喷洒青番茄可催熟。

黄瓜：1 600～4 000 倍液在苗 3～4 叶期喷洒全株 2 次，可增加雌花。

葫芦：800 倍液在 3 叶期喷洒全株 1 次，增加雌花数。

南瓜、瓠瓜：1 600～4 000 倍液在苗 3～4 叶期喷洒全株，增强雌花数。

甜瓜：800 倍液在苗 1～3 叶期喷洒全株 1 次，可形成两性花。

梨：4 000～8 000 倍液在采收前 3～4 周喷洒全株，促进早熟。

苹果：1 000 倍液在采收前 3～4 周喷洒全株，促进早熟。

3. 注意事项

不可与碱性农药混用，要随配随用，不能存放。

二、85% 比久

1. 主要性状

纯品是带有微臭的白色结晶，在 25℃时水中溶解度为 10 克/升，贮存稳定性好。

比久是一种生长抑制剂，抑制植株内源赤霉素、生长素合成，主要作用是抑制新枝徒长，诱导不定根形成，刺激根系生长，提高抗寒力。

工业品比久大鼠急性经口 LD_{50} 为 8 400 毫克/千克，大白兔急性经皮 LD_{50} 大于 1 600 毫克/千克。

2. 主要适用对象

花生：600～1 000 倍液在扎针初期全株喷洒 1 次，矮化植株，提高产量。

马铃薯：350 倍液在开花初期全株喷洒 1 次，抑制茎徒长。

甘薯：400 倍液浸扦插苗下部几分钟，促进生根。

番茄：400 倍液在 1 叶和 4 叶期各喷洒 1 次，促进坐果。

苹果：500～1 000 倍液在盛花后 3 周全株喷洒 1 次，抑制新梢生长。250～500 倍液在采收前 45～60 天全株喷洒 1 次，防落果。

葡萄：500～1 000 倍液在新梢 6～7 叶时全株喷洒 1 次，抑制新梢生长，促进坐果。同样浓度在采后浸果 3～5 分钟，延长贮存。

桃树：500～1 000 倍液在果实成熟前喷果 1 次，促进早熟、增色。

梨：500～1 000 倍液在盛花后 2 周、采收前 3 周各喷 1 次，可防止幼果脱落及采前落果。

樱桃：250～500 倍液在盛花后 2 周全株喷洒 1 次，促进早熟、着色均匀。

草莓：1 000 倍液在移栽后全株喷洒 2～3 次，促进坐果，增产。

人参：350～500 倍液在叶片展开时喷洒 1 次，促进地下部生长。

3. 注意事项

水肥严重不足的情况下使用本品，可能会导致减产。

三、85%赤霉素（920）

1. 主要性状

工业品为白色结晶粉末，可溶于乙酸乙酯、甲醇、乙醇、丙酮等，难溶于水、苯、醚、氯仿等，遇碱易分解。

本品是广谱性植物生长调节剂，可促进细胞、茎伸长，叶片扩大，单性结实，果实生长，打破种子休眠，改变雌、雄花比率，影响开花时间，减少花、果的脱落。

工业品小鼠急性经口 LD_{50} 大于 25 000 毫克/千克。

2. 主要适用对象

（1）促进坐果或无籽果形成。

黄瓜：17 000～85 000 倍液在开花时喷花 1 次。

茄子：17 000～85 000 倍液在开花时喷洒叶片。

葡萄：17 000~42 500 倍液在开花后 7~10 天喷洒幼果。

梨：42 500~85 000 倍液在开花至幼果时喷洒幼果或花 1 次。

（2）促进营养生长。

芹菜：17 000~85 000 倍液在收获前 2 周喷洒叶片。

菠菜：42 500~85 000 倍液在收获前 3 周喷洒叶片 1~2 次。

苋菜：42 500 倍液在 5~6 叶期喷洒叶片 1~2 次。

花叶生菜：42 500 倍液在 14~15 叶期喷洒叶片 1~2 次。

（3）打破休眠促进发芽。

马铃薯：170 000~850 000 倍液浸薯块 30 分钟后播种。

豌豆：17 000 倍液浸种 24 小时后播种。

黄瓜、西瓜：17 000~212 500 倍液在采收前喷瓜。

（4）调节开花。

水稻：15 500~34 000 倍液在抽穗 15% 时开始喷母本 1~3 次。

黄瓜：8 500~17 000 倍液在 1 叶期喷洒叶片 1~2 次。

西瓜：170 000 倍液在 2 叶 1 心期喷洒叶片 2 次。

草莓：17 000~34 000 倍液在花芽分化前 2 周喷洒叶片 1 次；42 500~85 000 倍液在开花前 2 周喷叶片 2 次（隔 5 天）。

莴苣、菠菜：42 500~85 000 倍液在幼苗期喷洒叶片 1 次。

菊花：850 倍液在春化阶段喷洒叶片 1~2 次。

仙客来：170 000~850 000 倍液喷洒开花前的花蕾。

3. 注意事项

（1）本品遇碱易分解。

（2）使用中先用少量酒精溶解本品，再加水稀释到所需浓度。

（3）留种田不宜使用本品。

四、80% 萘乙酸

1. 主要性状

纯品为白色无味结晶，易溶于丙酮、乙醚和氯仿等有机溶剂，几乎不溶于冷水，易溶于热水。80% 原粉为浅土黄色粉末。

本品是类生长素物质，广谱型植物生长调节剂。它有着内源生长素吲哚乙酸的作用特点和生理功能，如促进细胞分裂与扩大、诱导形成不定根、增加坐果、防止落果、改变雌雄花比例等。

原粉大鼠急性经口 LD_{50} 为 1 000 ~ 5 900 毫克/千克。对皮肤和黏膜有刺激作用。

2. 主要适用对象

水稻：80 000 倍液在移栽时浸秧根 1 ~ 2 小时，促进返青。

小麦：40 000 倍液浸种 6 ~ 12 小时，促进分蘖，提高成穗率。

甘薯：40 000 ~ 80 000 倍液浸薯秧基部 6 小时，提高成活率，增产。

番茄：30 000 ~ 80 000 倍液在开花期喷洒 1 次，促进坐果。

黄瓜：80 000 倍液在定植前喷洒 1 ~ 2 次，增加雌花密度。

西瓜：30 000 ~ 80 000 倍液在开花期喷洒 1 次，促进坐果。

南瓜：40 000 ~ 80 000 倍液开花时涂子房，促进坐果。

苹果、梨：80 000 ~ 150 000 倍液在采收前 5 ~ 21 天喷洒全株，防止采前落果。

五、50% 矮壮素

1. 主要性状

纯品为白色结晶，原粉为浅黄色粉末，易吸潮，可溶于水，遇碱分解。

本品是赤霉素的颉颃剂，其作用机理是抑制植物体内赤霉素的生物合成，进而控制植株的徒长，促进生殖生长，使植株节间缩短、根系发达、抗倒伏；同时，光合作用增强，提高作物坐果率，提高产量，增强抗逆力。

原粉雄大鼠急性经口 LD_{50} 为 883 毫克/千克，大鼠急性经皮

LD_{50} 为 4 000 毫克/千克。

2. 主要适用对象

水稻：300 倍液在分蘖末期喷洒全株。

玉米：80～100 倍液浸种 6 小时；200 倍液在孕穗前喷植株顶部。

高粱：300～500 倍液在拔节前全株喷洒。

大豆：200～500 倍液在开花期全株喷洒。

花生：1 000～5 000 倍液在播种后 50 天喷洒。

番茄：5 000～50 000 倍液在苗期淋洒土表；500～1 000 倍液在开花前喷洒全株。

黄瓜：5 000～10 000 倍液在 14～15 片时喷洒全株。

甘蔗：200～500 倍液在收获前 6 周喷洒全株。

马铃薯：200～300 倍液在开花前喷洒叶片。

葡萄：333～1 000 倍液在开花前 15 天喷洒全株。

3. 注意事项

本品作矮化剂使用时，其栽种作物的水肥条件要好。

第五节　常用复配农药的组成和使用技术简表

商品名	组　成	制　剂	防治对象	毫升、克/亩或稀释倍数	施药方法
灭杀毙	氰戊菊酯马拉硫磷增效磷	21%乳油	苹果蚜虫	16～23 毫升	喷雾
			苹果红蜘蛛	19～48 毫升	
			苹果食心虫	19～32 毫升	
			棉蚜	24～38 毫升	
			棉红蜘蛛	38～57 毫升	
			花生斜纹夜蛾	24～29 毫升	
			柑橘红蜘蛛	17～23 毫升	
			小麦蚜虫	10～20 毫升	
			菜青虫、菜蚜	20～30 毫升	
			大豆食心虫	35～45 毫升	

续表

商品名	组成	制剂	防治对象	毫升、克/亩或稀释倍数	施药方法
桃小净	马拉硫磷甲氰菊酯	40%乳油	苹果、桃小食心虫	1 000~2 000倍液	喷雾
快克	噻嗪酮氧乐果	35%乳油	柑橘介壳虫	800~1 000倍液	喷雾
稻病宁	多菌灵三唑酮	30%可湿性粉剂	稻瘟病稻叶尖枯病	100~150克	喷雾
菌虫清	乙蒜素杀螟丹	17%可湿性粉剂	水稻恶苗病、干尖线虫病	400倍液	浸种60小时
万霉灵	甲基硫菌灵乙霉威	65%可湿性粉剂	黄瓜灰霉病	80~125克	喷雾
843康复剂	腐殖酸硫酸铜	2.12%水剂	苹果腐烂病	200毫升/米^2	抹病疤
			柑橘树脚腐病	300~500毫升/米^2	
退菌特	福美双福美锌福美甲砷	50%可湿性粉剂	蔬菜、果树病害	500~1 000倍液	喷雾
			棉、麻、烟草病害	100倍液	拌种
			苗木病害	500~800倍液	喷雾
拌种双	拌种灵福美双	40%可湿性粉剂	小麦黑穗病	1.5克/千克种子	拌种
			高粱黑穗病	4克/千克种子	
			棉花苗期病害	5克/千克种子	
			红麻炭疽病	160倍液	
杀毒矾	恶霜灵代森锰锌	64%可湿性粉剂	蔬菜、果树的霜霉病、疫病等	300~500倍液	喷雾
三唑酮·硫	硫磺三唑酮	20%悬浮剂	小麦白粉病	50~75毫升	喷雾
锈粉灵		50%悬浮剂	小麦白粉病	80~100毫升	
腐烂敌	腐殖酸福美砷	30%可湿性粉剂	苹果腐烂病	20~40倍液	涂抹病疤处
		23.5%涂抹剂		10~20倍液	
腐必治		25%粉剂		10~20倍液	
甲霜铜	甲霜灵丁、戊、己二酸铜	40%可湿性粉剂	黄瓜霜霉病	150~225克	喷雾

续表

商品名	组　成	制　剂	防治对象	毫升、克/亩或稀释倍数	施药方法
克露霜克	霜脲氰代森锰锌	72%可湿性粉剂	蔬菜霜霉病葡萄霜霉病	130~200克	喷雾
恶苗灵	多菌灵代森铵	20%悬浮剂	水稻恶苗病	200~350倍液	浸种
病枯净育苗灵	甲霜灵恶霉灵	3%水剂	水稻立枯病	12~18毫升/米^2	喷雾或灌根
灭瘟1号	三环唑春雷霉素	13%可湿性粉剂	稻瘟病	130~150克	喷雾
抗枯灵	柠檬酸铜硫酸四氨络合铜、锌	25.9%水剂	西瓜枯萎病	500~600倍液200毫升/株	灌根
植病灵	三十烷醇硫酸铜十二烷基磺酸钠	1.5%乳剂	番茄病毒病	50~75毫升	喷雾
			烟草花叶病	75~120毫升	
灰克	福美双腐霉利	25%可湿性粉剂	番茄灰霉病	60~80克	喷雾
克霉灵	强氯精百菌清	30%可湿性粉剂	平菇绿霉病	0.5克/千克菇料	拌菇料
甲霜锰锌	甲霜灵代森锰锌	58%可湿性粉剂	蔬菜霜霉病	80~120克	喷雾
			烟草黑胫病	100~150克	
瓜枯灵	五氯硝基苯多菌灵	40%可湿性粉剂	西瓜枯萎病	600~800倍液	灌根
克·福	克百威多菌灵福美双	20%种衣剂	玉米蚜虫、地下害虫苗期病害	25克/千克种子	拌种
丁·恶	丁草胺恶草酮	20%乳油	稻田稗草、莎草等	200~230毫升	移栽后3~5天撒毒土
			花生田杂草	150~200毫升	播后苗前喷施土表
五二扑	五氯酚钠2甲4氯扑草净	61.7%粉粒剂	稻田眼子菜、稗草、牛毛毡鸭舌草	300~500克	移栽后20~25天撒毒土

商品名	组 成	制 剂	防治对象	毫升、克/亩或稀释倍数	施药方法
安威	乙草胺嗪草酮	50%乳油	玉米田一年生杂草	华北 100～150毫升 东北 150～200毫升	播后苗前喷雾
去草净	丁草胺西草净苄嘧磺隆	4.5%颗粒剂	水稻田杂草	1 500～1 666克	撒毒土
豆乐	乙草胺异恶草酮	45%乳油	大豆田一年生杂草	150～200毫升	播后苗前喷雾
丁莠	丁草胺莠去津	48%悬乳剂	夏玉米田一年生杂草	150～200毫升	播后苗前喷雾
农利来	异丙甲草胺苄嘧磺隆	20%可湿性粉剂	移栽稻田杂草	45～65克	移栽后撒毒土
稻草一次净	苄嘧磺隆甲磺隆乙草胺	15%可湿性粉剂	移栽稻田阔叶杂草、一年生禾本科杂草及莎草科杂草	50～60克	移栽后4～7天撒毒土
		16%可湿性粉剂		25～30克	
草绝		18%可湿性粉剂		30～35克	
丁·苄	丁草胺苄嘧磺隆	20%可湿性粉剂	水稻田一年生杂草及部分多年生杂草	200～300克	移栽后4～7天撒毒土
稻草王	苄嘧磺隆二氯喹啉酸	36%可湿性粉剂	水稻秧田、移栽田的单、双子叶杂草	40～50克	喷雾撒毒土
克草星	丁草胺苄嘧磺隆甲磺隆	25%细粒剂	水稻一年生禾本科杂草、莎草科及部分多年生杂草	100～125克	移栽后4～7天撒毒土
稻田净	乙草胺西草净	2.4%颗粒剂	水稻田一年生杂草	700～1 000克	移栽后4～7天撒毒土

续表

商品名	组　成	制　剂	防治对象	毫升、克/亩或稀释倍数	施药方法
稻草畏	乙草胺苄嘧磺隆	14%可湿性粉剂	水稻移栽田一年生禾本科、莎草科杂草、阔叶草及部分多年生杂草	40～60克	大苗移栽后5～7天撒毒土
草无影		22%可湿性粉剂		25～40克	
丁西	丁草胺丁草净	5.3%颗粒剂	水稻田多种杂草	1 000～1 500克（南方） 1 500～2 000克（北方）	移栽后5～7天撒毒土
除草净	除草醚扑草净	25%可湿性粉剂	水稻田一年生杂草	240～480克	移栽后5～7天撒毒土
禾田净	禾草特西草净2甲4氯钠	78.4%乳油	稻田多种杂草	150毫升（南方） 200～260毫升（北方）	移栽后8～10天撒毒土 移栽后13～18天撒毒土
威罗生	哌草磷戊草净	50%乳油	稻田稗草、眼子菜等	160～200毫升（北方） 100～125毫升（南方）	移栽后10～15天撒毒土 移栽后5～8天撒毒土
草霸	丁草胺乙草胺苄嘧磺隆	60%悬乳油	移栽稻田禾本科杂草及阔叶杂草	30～60毫升	移栽后4～7天撒毒土
甲乙莠	甲草胺乙草胺莠去津	48%悬乳剂	玉米田杂草	75～100毫升	播后苗前喷施土表
乙莠	乙草胺莠去津	28%悬乳剂	夏玉米田一年生杂草	210～360毫升	播后苗前喷施土表
乙二扑	乙草胺2,4-D丁酯扑草净	40%乳油	玉米、大豆田一年生杂草	266～333毫升	茎叶喷雾

农作物病虫草害防治技术

续表

商品名	组　成	制　剂	防治对象	毫升、克/亩或稀释倍数	施药方法
玉草净	异丙甲草胺乙草胺莠去津	42%悬乳剂	玉米田杂草	150～200毫升	播后苗前喷雾
玉草绝	莠去津乙草胺丁草胺	40%悬乳剂	夏玉米田一年生杂草	150～200毫升	播后苗前喷雾

附表 常用农药通用名和异名及商品名对照表

中文通用名	英文通用名	中文商品名
乙草胺	Acetochlor	禾耐斯、刈草胺、新可劳
乙氧氟草醚	Oxyfluorfen	果尔、割草醚、杀草狂
乙霉威	Diethofencarb	力霉灵
乙烯利	Ethephon	一试灵、乙烯磷
乙硫苯威	Ethiofencarb	灭蚜威
乙蒜素	Ethylicin	抗菌素402
2甲4氯钠	Mcpa-Na	
丁草胺	Butachlor	马歇特、去草胺、灭草特、新马歇特
二甲戊乐灵	Pendimethalin	除草通、施田补、胺硝草
二硫氰基甲烷		浸种灵、扑生畏
二氯喹啉酸	Quinclorac	快杀稗、杀稗特、神锄、克稗灵、稗草亡、杀稗灵
二嗪磷	Diazinon	二嗪农、地亚农、大仙亚农
三乙膦酸铝	Phosethyl-Al	乙膦铝、疫霉灵、疫霜灵、克霉、霉菌灵
三环唑	Tricyclazole	比艳、克瘟唑、灭瘟灵
三唑酮	Triadimefon	粉锈宁、百理通
三唑醇	Triadimenol	百坦
三唑磷	Triazophos	特力克
三氟氯氰菊	Cyhalothrin	功夫、氯氟氰菊酯
久效磷	Monocrotophos	纽瓦克
井冈霉素		
贝螺杀	Clonitralide	
双甲脒	Amitraz	螨克
马拉硫磷	Malathion	马拉松、防虫磷、粮虫净

中文通用名	英文通用名	中文商品名
灭多威	Methomyl	万灵、乙肟威、灭多虫、快灵
灭幼脲	Chlorbenzuron	苏脲 1 号、灭幼脲 2 号
灭草松	Bentazone	苯达松、排草丹、噻草平
石硫合剂	Lime sulphur	多硫化钙
对硫磷	Parathion	1605、乙基对硫磷
甲拌磷	Phorate	3911、地虫杀
甲草胺	Alachlor	拉索、草不绿、澳特拉索
甲萘威	Carbaryl	西维因、胺甲萘
甲霜灵	Matalaxyl	瑞毒霜、雷多米尔、阿普隆、甲霜安
甲基对硫磷	Parathion-methyl	甲基 1605
甲氰菊酯	Fenpropathrin	灭扫利
甲基硫菌灵	Thiophanate-methyl	甲基托布津、桑菲纳、红日
禾草丹	Thiobencarb	杀草丹、稻草完、灭草丹、高杀草丹
禾草特	Molinate	禾大壮、杀克尔、草达灭、环草丹、稻得壮
代森锰锌	Mancozeb	大生、大丰、喷克、新万生、大生富、速克净、山德生
乐果	Dimethoate	大灭松、大灭松乳剂
扑草净	Prometryne	
西草净	Simetryn	
百草枯	Paraquat	克芜踪、对草快、百朵
百菌清	Chlorothalonil	达科宁、克劳优、桑瓜特、霜疫净、霜灰净、霉必清、大克灵、顺天星 1 号
抑食肼		虫死净
地乐胺	Dibutralin	
哌草丹	Dimepiperate	优克稗
杀虫双	Bisultap	
杀虫单	Monosultap	杀虫丹、杀螟克
杀鼠醚	Coumatetralyl	立克命、克鼠立、杀鼠萘

中文通用名	英文通用名	中文商品名
杀螟硫磷	Fenitrothion	杀螟松、速灭磷、灭蛀磷、阿童木、灭蟑百特
异丙甲草胺	Metolachlor	都尔、杜尔、稻乐思、屠莠胺、甲氧毒草胺
异菌脲	Iprodione	扑海因
异恶草酮	Clomazone	广灭灵、豆草灵
异稻瘟净	Iprobenfos	
多菌灵	Carbendazim	双菌清、霉斑敌
麦草畏	Dicamba	百草敌
克百威	Carbofuran	呋喃丹
克阔乐	Lactofen	眼镜蛇、乳氟禾草灵
赤霉素	Gibberellic acid	920、赤霉酸
苄嘧磺隆	Bensulfuton Methyl	农得时、苄磺隆、稻无草、超农、超畏、威农
吡虫啉	Imidacloprid	一遍净、大功臣、必林、蚜虱净、比丹、扑虱蚜、咪蚜胺、高巧、康福多、铁沙掌、一片净
吡氟乙草灵	Haloxyfop	盖草能、吡氟氯禾灵
吡氟禾草灵	Fluazifop-butyl	稳杀得、氟草除
吡效隆	Forchlorfenuron（MAF）	
吡嘧磺隆	Pyrazosulfuron-ethy	草克星、水星、韩乐星、克草神
辛硫磷	Phoxim	肟硫磷、倍腈松
苯磺隆	Tribenuron-methyl	巨星、麦磺隆、阔叶净
草甘膦	Glyphosate	农达、镇草宁、时拨克、林达、万锄、农大夫、农富
顺式氰戊菊酯	Esfenvalerate	来福灵、高效杀灭菊酯、强力农、辟杀高
咪鲜胺	Prochloraz	施保兑、扑霉灵
氢氧化铜	Copper Hydroxide	可杀得、丰护安、冠菌铜、根宝
氟乐灵	Trifluralin	特福力、茄科宁、氟特力、氟利克
氟硅唑	Flusilazole	福星

中文通用名	英文通用名	中文商品名
氟磺胺草醚	Fomesafen	虎威、除豆莠、北极星
高效氯氰菊酯	Beta-cypermethrin	好防星、歼灭、特杀净、棚虫净、绿福、蟑虫净、太康、灭害灵（B型）、中保4号
环草酮	Oxadiazon	农思它、恶草灵
环庚草醚	Cinmethylin	艾割、仙治
恶霉灵	Hymexazol	土菌消
莎稗磷	Anilofos	阿罗津
莠去津	Atrazine	阿特拉津、盖萨普林
烟嘧磺隆	Nicosulfuron	玉农乐
敌百虫	Trichlorphon	
敌敌畏	Dichlorvos，DDVP	
敌草隆	Diuron	地草净
敌菌灵	Anilazine	
敌稗	Propanil	斯达姆、丙酰胺
敌磺钠	Fenaminosulf	敌克松、地克松
氧化乐果	Omethoate	
菌核净	Dimethachlon	
链霉素	Streptomycin	
氰戊菊酯	Fenvalerate	速灭杀丁、中西杀灭菊酯、敌虫菊酯、分杀速灭菊酯、戊酸氰醚酯、百虫灵
氰草津	Cyanazine	百得斯、草净津、赛类斯
烯唑醇	Diniconazole	速保利、特谱唑、特灭唑、壮麦灵、力克菌
绿麦隆	Chlorotoluron	氯代瑞香草
萘乙酸	Naphthaleneacetic acid	
萘丙酰草胺	Napropamide	敌草胺、大惠利、草萘胺、萘丙胺、萘氧丙草胺
溴氰菊酯	Deltamethrin	敌杀死、凯素灵、凯安保、卫害净
氯菊酯	Permethrin	二氯苯醚菊酯、除虫精、苄氯菊酯、速杀、毕诺杀

续表

中文通用名	英文通用名	中文商品名
氯氰菊酯	Cypermethrin	灭百可、安绿宝、兴棉宝、赛凯波、轰敌、无敌手、韩乐宝、格达、阿锐克、搏杀特、奥思它
氯嘧磺隆	Chlorimuron-ethyl	豆威、豆磺隆、豆草隆
氯磺隆	Chlorsulfuron	绿磺隆
喹禾灵	Quizalofop-ethyl	禾草克、盖草灵
阔草清	Flumetsulam	唑嘧磺草胺
嗪草酮	Metribuzin	赛克、赛克津、立克除、甲草嗪
矮壮素	Chlormequat	环莠隆、稻麦立
福美双	Thiram	塞仑、得思地
福美胂	Asomate	阿苏妙
稻瘟灵	Isoprothiolane	富士1号
稻瘟净	Ebp	
碱式硫酸铜	Copper sulphate basic	绿杀得、杀菌特
精恶唑禾草灵	Fenoxaprop-P-ethyl	骠灵、骠马、威霸、维利
精喹禾灵	Quizalofop-P-ethyl	精禾草克、精盖草灵
精吡氟禾草灵	Fluazifop-P-butyl	精稳杀得
霜霉威	Propamocarb	普力克、霜灵
磷化铝	Aluminium phosphide	
磷化锌	Zinc phosphide	

参考文献

[1] 张玉聚，李洪连，张振卧等．中国农作物病虫害原色图解．北京：中国农业科学技术出版社，2010

[2] 黄国洋，林伟坪．农作物主要病虫害防治图谱．杭州：浙江科学技术出版社，2013

[3] 董志平，姜京宇，董金皋．玉米病虫草害防治原生态图谱．北京：中国农业出版社，2011

[4] 夏声广，唐启义．水稻病虫草害防治原色生态图谱．北京：中国农业出版社，2006

[5] 董立，马继芳，董志平．谷子病虫草害防治原色生态图谱．北京：中国农业出版社，2013